国际工业产品生态设计100例

国际工业产品生态设计100例

[意] 西尔维娅·巴尔贝罗　布鲁内拉·科佐　著

宫晓东　赵　玫　译

中国建筑工业出版社

目　录

8 了解生态设计
What is ecodesign?
Was ist ökologisches Design?

16 生态设计方法
Ecodesign approaches
Herangehensweisen ökologischen Designs

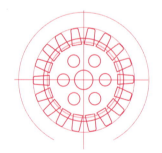

18. 部件的力量 The strength of parts. Die Kraft der Bauteile
20. 取材轻便耐久 The sustainable lightness of the material. Die nachhaltige Leichtigkeit der Materie
22. 材料选择 Material discretion. Die Bescheidenheit der Materie
24. 一材多用 Multi-use materials. Mehrzweck-Materialien
26. 减小体量 Decreasing the volume. Verminderung des Volumens
28. 0%产品 0% products. 0% Produkte
30. 技术/生态 Techno/ecologically. Techno/ökologisch
32. 说、做、坚持 Saying, doing, sustaining. Sagen, Machen, Erhalten
34. 零排放 Zero emissions. Null Emissionen
36. 图例说明 Legend. Legende

家用电器
Household appliances
Haushaltsgeräte

40. 简介
42. 绿色厨房——可持续循环的厨房　46. Handpresso——手持咖啡机
48. Local River——家用食品生产系统　52. BioLogic——植物洗衣机
54. iSave——节水指示器　56. Bel-Air——空气净化器

家具
Furniture
Möbel

62. 简介　64. EVA——可变厨房　68. 小厨房——功能厨房　72. 瓷砖厨房——瓷砖模块厨房
74. 咖啡桌——包装和产品　76. Tavolo Infinito——可延长的桌子　78. 卷心菜椅子——纸质扶手椅
82. Catifa——支架坐椅　84. Kada——多功能凳　88. 网椅——钢丝网扶手椅
90. Ori.Tami——多功能榻榻米　92. 柔性系列——可延展家具模块　96. 淀粉椅——淀粉做的椅子
100. Viking——家用组装扶手椅　104. Bendant Lamp——用户决定的枝形吊灯
106. CORON——毛毡灯　108. 纸篓——废纸篓　110. 软碗——毛毡花瓶　114. FLAKE——织物模块
116. 劈裂的竹子——天然衣帽架　118. Upon Floor——衣帽架　120. Fontanella——喷头
122. 模块化鸟窝——鸟的寓所　124. Loco——长椅

照明与能源
Light & energy
Licht & Energie

130. 简介　132. 能源桶——桶式灯　134. 风之光——风能式路灯　136. Mix——桌面或墙面灯
138. Parans SP2——自然光系统　140. Sky——光伏路灯　144. 太阳能路灯——路灯照明系统
146. X系统——照明模块　148. Zeno——组合照明系统　150. GROW.2——高效能源墙面材料
152. River Glow——水质监测系统　154. 太阳能储存——水供暖系统
156. Solio Classic——太阳能充电器　158. USBCELL——USB充电电池　160. XO——儿童电脑
162. Dyson Airblade™——电子烘手机　164. BH-701——蓝牙耳机
168. Postaphone——超薄手机　170. Remade——便携式电话

174 交通运输
Transportation
Transport

176. 简介　178. easyglider X6——电动小型摩托车　180. Segway i2——电动双轮车
182. Aquaduct——自行车水净化器　186. CityCruiser——脚蹬三轮出租车
190. FLUIDA.IT——折叠自行车　192. One——折叠自行车
194. 大西洋零排放——氢能源小型摩托车　196. ENV——氢能源摩托车
200. 空中客车Eureka——压缩空气动力车　204. Phylla——太阳能城市车
206. Czeers——太阳能船　210. Lanikai——充气皮艇　212. PlanetSolar——太阳能动力双体船
214. Solar Impulse——光电能飞机　218. Bikedispenser——自行车租赁系统

220 服装服饰
Clothing & accessories
Bekleidung & Accessoires

222. 简介　224. Crocs——适合任何季节的鞋　226. Dopie——可回收的凉鞋
228. F50 Tunit——模块化足球鞋　230. Sugar & Spice——模块化的鞋
232. BUCCIA——可转换的包　236. 我不是一个塑料包——棉质购物袋
238. MARBELLA——材料可回收的包　242. Ornj包——工业材料包　244. Sac à faire——DIY包
248. Solar Beach Tote——安装有太阳能电池板的沙滩包
250. Eco-chic——高级女装与可持续发展　254. 天然与未来®——服装生产线
258. BOOTLEG——内胎皮带　260. ic! berlin——全钢制眼镜　262. Sushehat——可变化的帽子

266 玩具
Toys
Spielzeug

268. 简介　270. Creatures——可回收玩具　272. Foldschool——纸板家具
276. H-RACER FCJJ-18——采用可替代能源的玩具汽车　278. PlayMais®——积木
280. Play Rethink——棋盘游戏　282. Puppy——玩具和装饰品
284. Sedici Animali——木制拼图

包装
Packaging
Verpackung
288

290. 简介　292. 曲奇饼杯——可以吃的咖啡杯　296. Eco Way——天然的外卖包装
300. Pandora Card——一次性餐具　302. 环保瓶子——液体的包装
304. 360°纸质水瓶——可降解的水瓶　306. PlantLove——化妆品包装
308. C.OVER——文件夹　310. EcoStapler——没有书钉的订书机

平面设计
Graphic design
Grafikdesign
312

314. 简介　316. 可以喝水的明信片——卡片式水容器
318. 只用你所需——关于水资源消耗　322. 表现你自己——广告海报　324. 年轮磁铁——磁铁宣传运动
326. WWF 纸盘——纸盘上的信息　328. 海岸清扫日——环境日　330. 为自然而战——汽车与环境
332. 行星地球——地球的健康　336. 它有多重？——可持续运动　340. 罗马喷泉地图——地图还是水壶？

附录
Appendix
Anhang
342

344. 术语简表　Glossary. Glossar
350. 图片致谢　Photo credits. Bildnachweis

了解生态设计

What is ecodesign?
Was ist ökologisches Design?

The economic system we live in has progressively modified the relationships that exist between material energy and human resources. At the same time, the impact of industrial production on the planet's ecosystem continues to increase exponentially. It has therefore been necessary to reassess our concepts of growth and development in the light of the environmental problems they cause. Although this reassessment began in the early 1960s and took on a global perspective, particularly with *The Limits to Growth* by D. H. Meadows, D. L. Meadows, J. Randers and W. W. Behrens published in 1972, it has only been since the 1990s that close ties have been established between environmental themes and industrial production, following the political and regulatory discussions of the 1980s.

Experience has since taught us that considering the environmental impact of a product once it is placed on the market is absolutely unavoidable when it comes to sustainable ideation and design. This means incorporating production processes, the products themselves and the behaviors they trigger within the limits of ecological sustainability. The performance required of the products, in particular, cannot remain limited to functionality and aesthetics.

Since ecodesign means thinking about objects in their functional entirety, the designer is able not only to develop the form but also to change production processes and behavioral habits in the name of greater environmental sustainability. Savings in energy, materials, packaging and transport, in addition to problems tied to disposal, are all issues that make up the fundamental structure of sustainable design. In fact, ecodesign is characterized by a vibrant creative ability to search for alternative systems, technologies and production strategies. Compared to conventional industrial

Das Wirtschaftssystem, in dem wir leben, hat nach und nach den Zusammenhang zwischen materiellen, energetischen und menschlichen Ressourcen verändert. Gleichzeitig nahmen die Auswirkungen der Industrieproduktion auf das Ökosystem exponentiell zu. Wachstum und Entwicklung müssen angesichts der Umweltprobleme, die sie verursacht haben, neu durchdacht werden. Die Auseinandersetzung mit diesen Konzepten begann bereits Anfang der 1960er Jahre und wurde fortgeführt in dem Werk *Die Grenzen des Wachstums* von D.H. Meadows, D.L. Meadows, J. Randers und W.W. Behrens von 1972. Auf die politischen und gesetzlichen Diskussionen der 1980er Jahre folgte in den 1990er Jahren die Erkenntnis, dass eine enge Verbindung zwischen Umweltthemen und industrieller Produktion besteht.

In dieser Zeitspanne hat uns die Erfahrung gezeigt, dass für eine nachhaltige Planung

und Gestaltung der Umwelteinfluss der jeweiligen Produkte, wenn sie einmal auf dem Markt eingeführt werden, unbedingt zu berücksichtigen ist. Dies bedeutet, dass die Produktionsprozesse, die Produkte selbst und das Konsumverhalten innerhalb der Grenzen der ökologischen Nachhaltigkeit gehalten werden müssen. Die an die Produkte gerichteten Erwartungen sollen sich nicht allein auf Funktionalität und Ästhetik beschränken. Was die Gestaltung betrifft, bietet ökologisches Design die Möglichkeit, nicht nur die Form zu bestimmen, sondern gleichzeitig auch die Produktionsprozesse zu erneuern und die Gewohnheiten in Richtung einer größeren Umweltverträglichkeit zu verändern. Einsparungen bei Energie und Material, Verpackung und Transport sowie die mit der Entsorgung verbundenen Probleme sind die Eckpfeiler einer nachhaltigen Gestaltung. Beim ökologischen Design ist eine lebendige Vorstellungskraft für die Suche nach alternativen Systemen,

在经济发展的影响下，自然能源与人类需求之间的关系正发生着日新月异的变化，工业生产日益显著地影响着这个星球上的生态系统。因而，当面临一系列由此产生的环境问题时，我们有必要重新审视人类的自我发展。虽然早在20世纪60年代初就有人意识到了这个问题，特别是1972年《增长的极限》（作者D·H·梅多斯、D·L·梅多斯、J·兰德斯以及W·W·伯伦斯）一书的出版也曾在全球产生过一定的影响。然而，直到80年代兴起的一场"关于政治与法规"的大讨论，才最终使得"自然环境"与"工业生产"之间在90年代建立起较为密切的联系。

经验告诉我们，当我们向市场推出一个产品时，如若秉持可持续发展的理念进行构思和设计，就不可避免地要考虑到它可能对环境产生什么样的影响。这意味着需要在生态可持续发展的前提下全面考虑产品的生产过程、产品本身以及使用产品的"产品行为"。特别是产品所必须具备的品质不能只限于功能性和美感两个方面。

鉴于生态设计意味着要对物品的性能进行整体考虑，设计师不能只满足于设计产品的外形，还应在环境可持续发展的更大背景下考虑产品的生产程序以及消费者的使用行为。如何节省能源与材料，如何简化包装、便于运输，还有产品的弃置处理，这一

production, ecodesign, like design in general, goes to the source to assess the desired result in all its aspects and for the entire duration of the product: how it will be used, the need it will serve, its intended market, its costs and its feasibility. The object's form is therefore linked with such considerations and is optimized according to its functionality and sustainability. In this sense, ecodesign too subscribes to the principle of "form follows function." Products designed this way are flexible and durable, modular or multifunctional and adaptable or recyclable.

A survey of such products and their various types is presented in this book. They are subdivided by category into separate chapters. Within each category, the products are grouped according to theme, sometimes indicated in the chapter's introduction. The basic characteristics of each product are described clearly and concisely. To better understand their eco-compatible features, the descriptions are accompanied by icons that refer to the main ecodesign approaches discussed in the first chapter of the book. The reader can thus use this information to study such approaches in greater depth and discover the instruments designers have at their disposal when they begin developing an eco-compatible product. The book therefore promotes a dynamic, cross-referential reading, following either the categories or a thread of the reader's choice to reconstruct different ecodesign approaches. These two types of reading reveal various relationships between the different products.

A brief glossary closes the book to provide background knowledge and a starting point from which to read and understand our increasingly global, continuously transforming world.

Given the vast, heterogeneous nature of the products on the market and in

Technologien und Produktionsstrategien von entscheidender Bedeutung. Im Gegensatz zur industriellen Produktion bewertet ökologisches Design, wie auch Design im Allgemeinen, bereits vorab das gewünschte Resultat in allen seinen Aspekten und für die ganze Lebensdauer des Produktes: die für das Produkt voraussichtliche Verwendung, das Bedürfnis, aus dem sich die Idee heraus bildete, der Markt, an den sich das Produkt richtet, die Kosten und die Umsetzbarkeit. Die äußere Form des Objektes wird an diese Überlegungen geknüpft und im Sinne der Funktionalität und der Nachhaltigkeit optimiert. Dabei befolgt auch ökologisches Design den Gestaltungsleitsatz *Form follows function* (Die Form folgt der Funktion). Die so entwickelten Produkte sind flexibel, beständig, modulierbar oder multifunktionell, anpassungsfähig oder recycelbar.
Das vorliegende Buch gibt einen Überblick dieser Produkte und ihrer verschiedenen Typologien. Die Objekte

wurden in acht Kategorien unterteilt, die jeweils ein eigenständiges Kapitel bilden. In jedem Kapitel werden die einzelnen Gegenstände in Themenbereiche zusammengefasst, die auch in der Kapiteleinleitung aufgeführt sind. Jedes Produkt wird in seinen grundlegenden Eigenschaften auf klare und kurz gefasste Weise beschrieben. Symbole, die sich auf die im ersten Kapitel erläuterten wichtigsten Ökodesign-Grundsätze beziehen, veranschaulichen die umweltfreundlichen Eigenschaften der Produkte. Durch diese zusätzlichen Informationen bekommt der Leser einen Einblick in die komplexen Ansätze von Ökodesign. Gleichzeitig lernt er die Hilfsmittel des Designers kennen, der sich mit der Gestaltung eines umweltverträglichen Produktes befasst. Auf diese Weise ermöglicht das Buch eine dynamische und transversale Lektüre. Der Leser kann die verschiedenen Kategorien nacheinander betrachten oder die grundlegenden Ansätze miteinander

系列问题的优化解决，都是构成可持续设计的基本方面。其实生态设计就是创造性地探索系统、技术以及产品战略的替换性解决方案。与传统工业生产相比，生态设计与一般意义的设计一样，从各个方面和产品的整个生命周期去评估可能的结果，包括：产品的使用方式、可以满足什么样的需求、其市场定位是什么、成本以及可行性如何等。因此，产品的外观设计应总体考虑这一系列因素，并根据功能与可持续性要求不断优化。从这个意义上讲，生态设计同样符合"形式追随功能"的原则。所以这样设计的产品就具有了便捷性、耐久性、模块化、多功能性、可适应性和可回收的优点。

本书收集、列举了大量这样的产品实例，所有的产品都根据其主题分成不同章节，并在各章的简介部分有所阐述。每个产品的基本属性都配有简要清楚的说明。为了帮助读者更好地理解这些产品生态兼容的特性，所有说明还配有代表不同生态设计方法的图标（图标说明详见后文"生产设计方法"）。这样读者就可以根据这些信息更深入地理解生态设计的不同方法，并解读设计师在构思一个生态产品之初所采用的方式方法。可以说，本书提供了一种动态的、互相对照的阅读方式，读者既可以依照目录分类阅读，也可以根据自己感兴趣的生态设计方法选择阅读，两种阅读方式呈

development, we believe the choices clearly represent the principles of ecodesign. They also show how ethics and aesthetics, i.e. environmental awareness on the one hand and appealing, trendy forms on the other
can easily coexist in products that are functional and not necessarily expensive.

verknüpfen. Beide Lesarten ermöglichen die Herstellung von Bezügen zwischen den unterschiedlichen Produkten.

Im abschließenden Teil dieses Buches befindet sich ein kurzes Glossar, das hoffentlich die Entstehung eines Background-Wissens fördert und Anregungen liefert, um die immer globalere und sich fortlaufend verändernde Welt von heute zu verstehen.

Angesichts der Vielzahl und Verschiedenartigkeit der Produkte, die auf dem Markt erhältlich sind oder sich in der Entwicklungsphase befinden, wurde eine Auswahl getroffen, die unserer Ansicht nach auf klare Weise die Grundsätze des Ökodesigns präsentiert. Sie zeigt ebenfalls, dass Ethik und Ästhetik bzw. Umweltschutz und ansprechende Formen und Tendenzen neben einem funktionalen Produkt mit einer ästhetischen Wertigkeit, und das nicht kostspielig sein muss, bestehen können.

现出不同产品之间在生态设计主题下的多种联系。

本书最后的术语简表为读者提供了若干背景知识，作为阅读的起点，它帮助每一个读者更好地理解我们这个日益全球化的、不断发展变化的世界。

市场上的产品琳琅满目、性质各异，并且不断发展变化，我们相信本书所选择的产品都清晰地体现了生态设计的原则。此外，这些产品还展示了如何兼顾道德与审美问题，例如，如何将环保意识和时尚的、吸引人的形式同时融入物美价廉的产品中来。

生态设计方法

Ecodesign approaches
Herangehensweisen ökologischen Designs

部件的力量
The strength of parts
Die Kraft der Bauteile

组件设计
Design for components
Komponentendesign

The goal of *designing for components* is to identify and optimize the external form of an object, starting with its size and the arrangement of its parts, or components. Each of these is considered as a finished product with an autonomous life cycle, though still in relation to the other parts. The design starts with the analysis of disassembled objects of the same type, taking into account the relationships between components, the physical-mechanical laws that distinguish them and technologies of manufacturing. Once the single parts are defined, the key elements that make the object work are identified, and the creative phase begins, at which point the designer works according the following guidelines:

• combining components of the same material and avoiding the use of different materials;
• marking the materials permanently (with stamps or labels);
• minimizing waste production;
• pre-determining any breakage points to facilitate rapid removal of parts;
• avoiding forms and systems that could complicate disassembly.

Designing for components also means taking into account the accessibility of the product in terms of making it easy to use and maintain.

Komponentendesign hat zum Ziel, die äußere Form eines Produktes anhand seiner Maße, dem Aufbau und der Anordnung seiner Komponenten zu ermitteln und zu optimieren. Die Komponenten werden als Endprodukt mit einem eigenen Lebenszyklus betrachtet, aber auch in Beziehung zu den anderen Bestandteilen. Bei der Analyse der zerlegten Objekte, die einer gleichen Typologie angehören, werden die physisch-mechanischen Gesetze und die Produktionstechnologien untersucht.

Nachdem die einzelnen Teile bestimmt worden sind, werden die Schlüsselelemente zum Betrieb des Gegenstands identifiziert. Darauf folgt die kreative Phase, in der der Designer unter Beachtung der folgenden Grundsätze arbeitet:

• Komponenten aus dem gleichen Material (monomateriell) einsetzen und die Verwendung von verschiedenen Materialien vermeiden;
• Materialien unauslöschlich markieren (mit Aufdruck oder Etikett)
• Menge der Produktionsabfälle auf ein Minimum reduzieren
• Mögliche Bruchstellen bestimmen, um einen schnellen Austausch bzw. Entfernung der Einzelteile zu erleichtern;
• Formen und Systeme vermeiden, die übermäßig lange Zerlegungsprozesse erfordern.

Ein weiteres wichtiges Ziel ist die einfache Benutzung und Wartung des Produktes, um eine einfache Handhabung zu gewährleisten.

"组件设计"始于对产品尺寸以及各部件的合理布局的研究，其目的其实是为了确定和优化产品的外观形式。在这里，每一个组件都被认为是一个具有独立生命周期的产品，且相互影响。设计师从分析组成同类产品的各个零部件入手，对零件之间的连接、不同的机械物理定律以及制造工艺等都给予充分考虑。一旦各个环节确定无误，产品运行的关键要素也就随之确定，接下来设计师就该将创意融入产品了，在此应遵循以下原则：

• 使用与被连接的零部件相同的材质做连接件，避免使用不同材质；
• 用印章或标签将所使用的材料永久性地标识出来；
• 尽可能减少生产中的浪费；
• 应预先设定断裂点，以有助于快速分拆零部件；
• 避免可能使零部件拆卸工作复杂化的产品形态和系统。

可以说，组件设计乃"易"字当头——即重视产品的易用性和易维护性。

取材轻便耐久
The sustainable lightness of the material
Die nachhaltige Leichtigkeit der Materie

节省材料与易于拆卸的设计
Reduction of materials and design for disassembly
Materialreduktion und Produktzerlegung

An analysis of the products on the market shows that there is a general tendency towards redundancy in the use of materials. Designing according to a logic of *reducing materials* means optimizing the amount of both materials and energy in the development of a product. Such reductions have a double advantage, helping to both protect resources and decrease harmful emissions.
In taking this approach, the designer should also avoid using different materials, since this complicates the recycling and disposal processes. Products created this way also satisfy the principle of *design for disassembly*, since an object needs to be taken apart before it can be recycled. Correspondingly, it is important to make the materials easy to recognize, since each component can either be reused or recycled even when made of different materials. For this reason, many countries have launched regulations that require the marking of objects and components for fast identification.

Die Analyse der auf dem Markt vorhandenen Produkte zeigt die allgemeine Tendenz zu einer redundanten Verwendung der Materialien. Design im Sinne der *Materialreduktion* bedeutet die Entwicklung eines Produktes mit einer effizienten Verwendung von Material und Energie. Die *Materialreduktion* bietet somit gleich zwei Vorteile: zum einen führt die größere Sorgfalt in der Materialverarbeitung zu einem geringeren Verbrauch an Rohstoffen und zum anderen zu einer Senkung der Umweltemissionen.
Eine weitere Aufgabe des Designers ist es, die Verwendung von verschiedenen Materialien zu vermeiden, so dass ein

schnelle und einfache Wiederverwertung und Entsorgung gewährleistet ist. Die auf diese Weise hergestellten Produkte erfüllen auch den Grundsatz der *Produktzerlegung*. Ihm zufolge wird bei der Produktplanung berücksichtigt, dass vor der Wiederverwertung eine Zerlegung erfolgen muss. Daher ist es besonders wichtig, die Materialerkennung zu vereinfachen, damit alle Bestandteile, auch wenn sie aus verschiedenen Materialien bestehen, wieder verwendet oder recycelt werden können. Aus diesem Grund ist in vielen Ländern die Kennzeichnung der Produkte und ihrer Bestandteile gesetzlich vorgeschrieben, um eine schnellere Identifizierung zu ermöglichen.

有分析指出，目前市面上的产品几乎都存在用料过度的现象。如果根据"减少材料用量"的设计原则进行设计，产品的制造过程既节省了材料又节省了能源，这是一箭双雕的好事——保护资源的同时减少有害物质的排放。与此同时，设计者还应尽量减少所用材料的种类，以免增加产品回收拆解和循环再利用的难度，满足产品"易于拆卸"的原则。产品在回收之前，通常需要先行拆解成零部件，有时那些使用了不同材料的零部件也需要回收和再利用，因此，使材料之间易于分辨就非常重要。为此，许多国家都制定了法规，要求标注产品或零部件的材料以便快速识别。

材料选择
Material discretion
Die Bescheidenheit der Materie

单一材料与生物材料的运用
The use of mono-materials and bio-based materials
Monomaterial und „Bio"-Materialien

Despite how easy it is to apply, the ecodesign principle of using just one material is often neglected. Unfortunately, the request for product appeal often prevails over environmental issues, resulting in the increased spread of high-impact products. Designing in a sustainable way, however, means using the most suitable resources for an object and its function, not just satisfying the laws of the market.

There are many advantages to using only one material, since designing this way means simplifying both the initial manufacturing and the final recycling processes. This approach generally applies to relatively simple products, disposable objects and the single components of more articulated products.

Considering the environmental costs of extraction, transformation and disposal of resources, ecodesign also generally involves the use of *"bio-based" materials*. These include both organic materials and the derivatives of natural products, such as biodegradable non-oil plastics, produced for example with cornstarch or potato starch (PLA).

Obwohl das Prinzip des *Monomaterials*, d.h. der Verwendung eines einzigen Materials, einfach umzusetzen wäre, ist dies ein Grundsatz des Ökodesigns, der häufig vernachlässigt wird. Dem „Appeal" – dem Kaufanreiz – eines Produktes wird eine größere Bedeutung beigemessen als den damit verbundenen Umweltaspekten. Dies führt zu einer immer größeren Verbreitung von Produkten, die die Umwelt stark belasten. Produktentwicklung im Sinne der Nachhaltigkeit erfordert den Einsatz von angemessenen und wirkungsvollen Ressourcen.

Die Planung mit einem einzigen Material bietet zahlreiche Vorteile, wie z. B. einen optimierten Produktions- und Recyclingprozess. Dieser Ansatz ist üblicherweise auf einfache Produkte, Wegwerfprodukte und auf Einzelteile von komplexeren Gütern anwendbar.

Angesichts der Umweltkosten für die Rohstoffgewinnung, -verarbeitung und -entsorgung werden beim Ökodesign „*Bio*"-Materialien bevorzugt. Dazu zählen sowohl natürliche Materialien wie auch aus Naturprodukten gewonnene Stoffe, wie z. B. biologisch abbaubare „No-Oil"-Kunststoffe, die mit Maisstärke oder Kartoffelstärke (PLA) hergestellt werden.

生态设计原则中的"单一材质原则"尽管易于实施，却常常被忽略。而且不幸的是，人们对于产品魅力的关注经常远大于对环境问题的关注，这使得对环境产生严重影响的产品越来越多。以可持续的方式进行设计，就意味着要为产品及其功能选择最适合的资源，而非仅仅满足"市场规则"。

使用单一材料可谓是好处多多，不论是在产品最初的制造环节还是在最终的回收环节，工作都变得简单易行。这种方法广泛适用于相对简单的产品、一次性用品以及复杂产品中的单个零部件。

此外，考虑到资源的开采、加工与处理的环境成本，生态设计还提倡采用生物材料，包括有机材料与衍生天然材料，如可生物降解的非石油塑料——利用玉米淀粉和土豆淀粉合成的可降解塑料（PLA）。

一材多用
Multi-use materials
Mehrzweck-Materialien

再循环与再利用
Recycling and reuse
Recycling und Wiederverwendung

Though similar, the concepts of recycling and reuse differentiate themselves in the products they generate. Whilst recycling involves the transformation and reuse of the material or materials of the object being recycled, reuse puts the object itself back to work, involving purely formal and structural, rather than chemical or physical, changes. When it comes to life-span, whereas in the first case the materials outlast the product, whereas in the second case it is the object itself that endures.

Recycling includes numerous sub-categories, the best known of which are cascade, post-consumer and pre-consumer recycling. The first involves the recovery of materials for increasingly simplified uses with respect to their original one; this is due to the loss in structural and chemical quality involved in their transformation. Post-consumer recycling, the most well-known, involves the transformation of materials or parts of a product at the end of its life, following separated waste collection. More theoretical and less well-known is pre-consumer recycling. Here the actual need to put the product on the market is checked at the start. If the results are unsatisfactory, pre-recycling takes place, that is, production is suspended, thereby avoiding the waste of resources beforehand.

Trotz der großen Ähnlichkeit unterscheiden sich *Recycling* und *Wiederverwendung* nur in ihrem End-produkt. Recycling ist die Gewinnung von Rohstoffen aus Abfällen, ihre Rückführung in den Wirtschaftskreislauf und die Verarbeitung zu neuen Produkten. Bei der Wiederverwendung wird das Produkt mehrfach verwendet, ohne dass es physikalisch oder chemisch verändert oder aufbereitet werden muss, wie beispielsweise beim Mehrwegsystem. Beim Recycling wird das Produkt einem neuen Verwendungszweck zugeführt, während bei der Wiederverwendung die Nutzungsdauer des Gegenstandes verlängert wird.

Recycling schließt weitere Unterkategorien ein: „Down-Recycling", „Post-Consumer-Recycling" und „Pre-Consumer-Recycling". Die erste Kategorie bezeichnet die Wiederverwendung von

Materialien für immer einfachere Nutzungsweisen im Gegensatz zum Originalprodukt. Dies ist auf den Verlust von strukturellen und chemischen Eigenschaften während der Umwandlung zurückzuführen. „Post-Consumer-Recycling" ist die bekannteste Variante und besteht in der Umwandlung der Materialien oder der Einzelteile eines Produktes nachdem eine getrennte Sammlung erfolgt ist. Theoretischer und auch weniger bekannt ist hingegen das „Pre-Consumer-Recycling": hier wird bereits in der Gestaltungsphase die tatsächliche Notwendigkeit eines Gegenstandes geprüft, den man auf dem Markt einzuführen gedenkt. Falls die Ergebnisse nicht zufrieden stellend ausfallen, wird das so genannte Pre-Recycling angewandt, d.h. die Realisierung wird gestoppt und die Verschwendung von kostbaren Rohstoffen verhindert.

"再循环"与"再利用"这两个概念虽然相似，但仍可以通过各自不同的产物来区分。"再循环"概念主要指材料——构成产品的材料通过一系列变化而重新使用；"再利用"概念则着重于产品本身的重新利用，产品只有形态与结构上的改变，不发生物理或化学属性的变化。从整个生命周期来看，生命最长的是材料，它比产品更耐久，其次才是产品本身。

再循环可细分为多种方式，其中较为常见的有"阶段式循环"、"消费后循环"以及"消费前循环"三种。在第一种方式中，相比原始状态，材料在加工过程中其结构或化学属性可能发生变化，回收后主要用于相对简化的用途；"消费后循环"最为大家所熟悉，这种处理方式是指产品在报废后，其材料以及组件分类回收；第二种则鲜为人知，但却是最为理想的方式：产品回收利用的可能性在产品研发的初期就进行评估，如果预见到结果不尽如人意，那么商品的生产则会被叫停，以尽早避免不必要的资源浪费。

减小体量
Decreasing the volume
Verminderung des Volumens

尺寸缩减
Size reduction
Reduzierung der Maße

Compressing, reducing, limiting consumption during transport: these are the requirements an eco-designer must keep in mind when developing an idea for a new object. Saving materials is only part of it; the intelligent design of a product's dimensions also means preventing excessive consumption by the vehicles used for its transportation. The more products carried on a single trip, the less aggravating are the CO_2 emissions on the environment. Immediate benefits are also felt in terms of fuel savings.

Size reduction follows two main guidelines:
• designing both product and packaging at the same time;
• providing for assembly following purchase.

There is a close relationship between these two guidelines during the design phase. An acknowledgement of their needs and characteristics produces a highly functional result, which is essential when it comes to the size and use of materials. Space during the transport phase is thereby optimized and the packaging, in its turn, has to comply with the object as much as possible, both protecting it and avoiding unnecessary empty spaces. This does not however lessen the communicative strength of the packaging, whose role is also to present the product on the market in the best way.

In addition to the size and weight of the merchandise, the means of transport itself is also important. A more widespread use of alternative-energy vehicles, ones that use natural fuels or renewable sources instead of fossil fuels, would contribute to a drastic reduction of a product's environmental footprint.

Bei der Entwicklung eines Objekts muss ein Designer bestimmte Vorgaben beachten: das Produkt so kompakt wie möglich zu halten und den Energieverbrauch während des Transports zu vermindern. Es geht aber nicht nur um die Einsparung von Material. Das Ziel einer intelligenten Planung der Abmessungen besteht auch in der Vorbeugung von übermäßigem Energieverbrauch während des Transports. Je mehr Produkte beim Transport aufgeladen werden, desto weniger belasten die CO_2-Emissionen die Umwelt. Nicht zu vergessen die Einsparungen beim Kraftstoffverbrauch.

Die *Reduzierung der Maße* folgt zwei Prinzipien:
• Produkt und Verpackung gleichzeitig planen;
• Montage nach dem Kauf vorsehen.

In der Gestaltungsphase besteht eine enge Verbindung zwischen diesen beiden Richtlinien. Der Vergleich von

Anforderungen und Eigenschaften liefert gute Ergebnisse in Bezug auf effiziente Abmessungen und Materialverbrauch. Durch die Produktgestaltung kann in der Transportphase der Laderaum in optimaler Weise genutzt werden. Die Verpackung ihrerseits sollte so eng wie möglich am Produkt liegen, um es zu schützen und gleichzeitig unnötige Leerräume zu verhindern. Die kommunikative Kraft der Verpackung soll dabei aber nicht verloren gehen, denn sie präsentiert das Produkt auf bestmögliche Weise auf dem Markt.

Die mit dem Transport verbundenen Probleme liegen nicht nur beim Gewicht und bei den Maßen der Ware. Ebenso entscheidend ist die Wahl eines umweltfreundlichen Transportmittels. Der Einsatz von Verkehrsmitteln, die natürliche Kraftstoffe oder erneuerbare Energien statt fossiler Brennstoffe nutzen, könnte zu einer deutlicheren Verringerung der Emissionen führen.

作为一名具有生态理念的设计者，在考虑设计每一款新产品时，都应时刻提醒自己要尽力压缩、减少、限制产品在运输途中的损耗。节省材料是其中的方法之一，设计师可以通过巧妙的产品尺寸设计来减少汽车运输过程中的过度损耗。可以设想，当产品的总数量固定，每一次能够运输的产品越多，则运输次数越少，运输所产生的二氧化碳气体排放也就相应减少，节省燃料就是这样做的另一个好处。

尺寸缩减需要注意以下两个主要原则：
- 应同时考虑产品及其包装设计；
- 应预先考虑售后的装配问题。

以上两原则在设计过程中联系紧密，若善加利用则收效甚大，尤其是对后续设计工作中所涉及的尺寸设计和选材问题都有重要的影响。设计时应考虑运输阶段对产品空间码放的优化要求，相应的包装也要尽量符合产品的尺寸，即产品的包装设计在保护产品的同时还应避免运输码放中产生不必要的空间浪费。当然，这并不是说要削弱产品包装的信息传达力，包装还是应担负起在市场上以最佳方式进行产品展示的作用。

除了商品的尺寸和重量，运输方式本身也很重要。如果能更多地使用以非化石新能源为动力的交通工具，比如天然燃料和可再生能源，则会大大减少商品生产给环境带来的危害。

0% 产品
0% products
0% Produkte

服务式设计
Service design
Dienstleistungsdesign

Can an object be replaced with a service? The sphere of service design aims to provide an affirmative answer to this question by studying systems that offer alternatives to the individual use of an object. The response to this kind of service is generally very positive, since the use of a product is generally born out of the need to facilitate an action rather than the desire to possess the object in itself. In this approach, the offering becomes a mix of products and services, with a single owner who supplies a service to several users. The owner profits financially by minimizing resource consumption, emissions and waste, and therefore aims to look after the product for its duration.

This is the case with car-sharing. A service like this, which puts a car owner in touch with someone who needs a ride, satisfies the needs of a group with a single vehicle, reducing the costs of both owning a car, on the one hand and traveling, on the other. It also stimulates users to develop conscious and sustainable habits, since car trips are reduced to strict necessity, and it fosters new relationships between people, places and objects.

Kann ein Gegenstand durch eine Dienstleistung ersetzt werden? Bei der Beantwortung dieser Frage setzt das *Dienstleistungsdesign* an, das sich mit Alternativen zur individuellen Benutzung eines Gegenstandes beschäftigt. Die Akzeptanz von diesen Dienstleistungen ist im Allgemeinen sehr gut, da die Verwendung eines Konsumguts vor allem aus dem Bedürfnis entsteht, eine bestimmte Handlung zu erleichtern, und nicht aus dem Wunsch, einen bestimmten Gegenstand zu besitzen. Beim Dienstleistungsdesign bietet ein einziger Besitzer mehreren Benutzern eine Dienstleistung an. Der Besitzer erwirtschaftet damit einen Ertrag, in dem er den Rohstoffverbrauch, die Emissionen und die Abfälle minimiert. Um diesen

Ertrag zu sichern, wird der Besitzer das Produkt während seiner gesamten Nutzzeit mit besonderer Sorgfalt pflegen. Ein Beispiel von Dienstleistungsdesign ist *Car Sharing*. Der Besitz eines Autos ist die Folge des Bedürfnisses, sich schnell und flexibel fortbewegen zu können. Eine solche Dienstleistung, die zwischen denen, die ein Auto besitzen und denen, die eine Reise unternehmen müssen, einen Kontakt herstellt, ermöglicht die Befriedigung der Bedürfnisse einer ganzen Gruppe mit einem einzigen Mittel. Dadurch können Besitz-, Unterhalts- und Reisekosten vermindert werden. Eine solche Dienstleistung trägt außerdem zur Sensibilisierung für ein bewusstes und nachhaltiges Handeln bei.

产品服务可以取代产品实物吗？答案是肯定的。"服务式设计"就是致力于建立为客户提供替代产品实物服务的研究系统。消费者对这种代替产品服务的反馈一般来说还是非常积极的，因为人们之所以使用产品，其实质需要的是由产品提供的、能够满足某种需求的服务，而不是拥有产品本身。在这种理念下，产品和服务以相结合的方式提供给用户——产品的某个拥有者同时为数个用户提供服务，该拥有者因为减少了资源的消耗、尾气排放及废弃物而受益，并为保持产品的耐用性而维护产品。

以"拼车"为例，汽车的拥有者与其他需要乘车服务的人共同出行，这种服务用一辆车满足了几个人的出行需求，既降低了汽车拥有者的汽车持有成本，也降低了搭乘者的出行成本。这样做还可以帮助人们树立环保意识，减少不必要的驾车出行，建立人—物—环境之间的新的关系。

技术/生态
Techno/ecologically
Techno/ökologisch

可持续技术
Technology for sustainability
Technologie im Dienste der Nachhaltigkeit

An object can be made eco-compatible through the use of the appropriate *technology*. We might think, for instance, of the technological opportunities for improving the efficiency of products, promoting energy savings and combining several functions in one object, not to mention nanotechnology and biotechnology. While industrial production remains strongly tied to the exploitation of materials and resources, despite well-founded accusations of excessive use and consequent pollution, sustainable technological development operates increasingly towards saving materials, which also boosts the spread of the services. Moreover, technologies with a low environmental impact are becoming increasingly widespread.

Unlike conventional design, ecodesign moves within a rich imagination of qualities and values, in which communication between products and systems is open and reciprocal. Creative solutions thus take shape at the technological avant-garde, with ecological sustainability as their goal.

Durch die Anwendung von entsprechenden *Technologien* kann ein Produkt umweltverträglich gemacht werden, wie z. B. bei den technischen Möglichkeiten zur Verbesserung der Produktwirksamkeit, bei der Entwicklung von Energiesparmaßnahmen, bei der Hinzufügung mehrerer Funktionen, oder aber auch bei Nano- und Biotechnologien. Während die industrielle Produktion stark mit einer Ausnutzung der Materialien und Rohstoffe verbunden ist, steht bei einer umweltfreundlichen Technologie die Materialeinsparung im Vordergrund. So

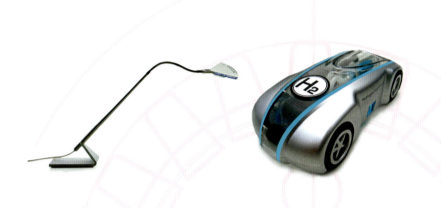

wird einerseits eine Verbreitung von Dienstleistungen gefördert und andererseits finden Technologien mit niedriger Umweltbelastung immer mehr Anklang.

Im Gegensatz zur klassischen Produktgestaltung umfasst Ökodesign ein breites Feld aus Qualität und Werten, in dem die Kommunikation zwischen den Mitteln und Systemen offen und auch bereichsübergreifend ist. Es entstehen phantasievolle Lösungen, die aus technologischer Sicht als Vorreiter gelten und gleichzeitig auf Nachhaltigkeit bedacht sind.

运用合适的技术可以让产品变得与生态更加和谐。我们可以看到技术的发展带来更多提高产品效能、推动能源节约、整合产品功能的契机，纳米技术和生物技术的发展就更是如此。尽管整个社会都充斥着对环境污染与资源滥用的谴责，工业生产仍旧离不开对资源开采的依赖，而环保科技的发展一方面努力节省原材料；另一方面也促进了产品服务的发展。那些能够减少环境危害的技术正在得到日益广泛的运用。

与传统的设计不同，生态设计所描绘的理想蓝图是创造质量和价值的双赢，在这个理想的境界中，产品与系统之间的关系是开放和相互包容的，以生态的可持续发展作为目标、运用尖端科技形成富有创造力的解决方案。

说、做、坚持
Saying, doing, sustaining
Sagen, Machen, Erhalten

广告的力量
Eco-advertising
Ökologische Werbung

While the usual means of communication are used to express and spread environmental sustainability, eco-advertising exists on several levels and takes various forms. In fact, messages about environmental issues reach the public through more than just the media and focused promotional campaigns, which use graphics and slogans as their immediate tools of expression; there is always a new product on the market that declares its sustainability in one way or another, making it the strength of the company. Sometimes these products convey the message directly by integrating it as part of their design. Others carry environmental certifications born of meticulous and complex procedures, though these are often difficult for the consumer to read. Others call for eco-friendly behavior or propose educational games that spur kids to adopt a new point of view on the world in which we live. Sustainability can therefore be both the direct subject of the message and a tool for validating and publicizing a product on the market.

Im Gegensatz zur Darstellung von Nachhaltigkeit mit klassischen Kommunikationsmitteln, werden bei der *ökologischen Werbung* verschiedene Ebenen und Formen eingesetzt. Botschaften zum Umweltschutz erreichen den Konsumenten vor allem durch die Medien und gezielte Werbekampagnen. Auf dem Markt gibt es allerdings immer mehr Produkte, die auf die eine oder andere Weise ihre Nachhaltigkeit selbst verkünden. Diese Produkte vermitteln ihre Botschaft auf direktem Weg, indem sie Teil ihres Designs wird.

In anderen Fällen führen sie Umweltzertifikate an, die aus komplexen Prozessen hervorgehen und für die Verbraucher oft schwer zu entziffern sind. Oder sie fordern zu nachhaltigem Verhalten auf oder schlagen Lehrspiele vor, die auch Kinder dazu anspornen sollen, die Welt, in der wir leben, aus einem anderen Blickwinkel zu betrachten. Nachhaltigkeit kann also entweder direkt der Inhalt der Botschaft sein oder ein geeignetes Instrument, um ein Produkt auf dem Markt aufzuwerten oder dafür zu werben.

除了在传统媒体上传达和推广环境可持续发展的理念外，生态理念的宣传以多种形式存在于不同方面。事实上，公众并非仅仅通过媒体和一些打着标语横幅的推广活动来了解环保方面的资讯，市场上经常有一些新产品宣传自身在某些方面具有绿色环保的特色以提高市场竞争力；还有一些产品宣称生态环保理念就是其设计的一部分；另一些则持有证明该产品经过层层检验的"绿色证书"——虽然这些证书很难被大多数用户理解；此外，还有很多以"爱护环境"为主题的活动，或是一些专为孩子们设计的小游戏，希望下一代能够树立可持续发展的世界观。总之，可持续理念既可成为信息传媒的主题，也可作为宣传产品的工具。

零排放
Zero emissions
Null Emissionen

系统化设计
Systemic design
Systemisches Design

The secret of good design is not just about showing off a product and enhancing its aesthetics. Operating within a set of social, cultural and ethical values, ecodesign must also take into account the systems and relationships within which the products are generated. It is therefore important to sketch out and plan the flow of materials from one system to another, since the impressive economic cycle thus generated gradually reduces the ecological footprint of products. This is the purpose behind *systemic design*: to carefully study all secondary and waste products created by the use of resources, both to obtain information and to make a genuine assessment. Production waste, for example, remains unused and is therefore a cost. Systemic design is about devising a new production model in which industrial cycles are open and connected to one another. This way, flows of material resources (secondary products) and energy resources could be generated that both ensure all waste products are used and stabilize single systems over the long-term.

Das Geheimnis von gutem Design liegt nicht nur in der Inszenierung eines Produktes, um seine ästhetische Seite hervorzuheben. Da Ökodesign in einem Umfeld von verschiedenen sozialen, kulturellen und ethischen Werten handelt, muss es die Systeme und die Zusammenhänge, in denen die Produkte entwickelt werden, berücksichtigen. Der Materialfluss, der von einem System in ein anderes übergeht, muss bestimmt und geplant werden, da der daraus entstehende Wirtschaftszyklus die ökologischen Merkmale der Produkte vermindert. Dieser Prozess wird *systemisches Design* genannt. Auf dieser

Grundlage werden alle Sekundär- und Abfallprodukte, die aus der Verwendung von Rohstoffen entstehen, sorgfältig untersucht, um daraus die größtmögliche Menge an Informationen und eine realistische Bewertung zu gewinnen. Denken wir z. B. an Abfälle aus Produktionsprozessen, die noch immer ungenutzt bleiben und einen Kostenpunkt darstellen. Systemisches Design zielt auf die Entwicklung eines neuen Produktionsmodells ab, in dem die Industriezyklen offen und miteinander verbunden sind. So können Ressourcen (Sekundärprodukte) und Energien hin und her fließen, ohne dass Rückstände unbenutzt bleiben.

好的设计不在于炫耀产品和提升形式美感，生态设计必须系统地考虑产品所传达出来的一系列社会、文化、道德等价值观念。所以，在产品的生命周期中，预先规划材料如何在系统与系统之间进行流通转移就非常重要，合理的规划有助于减少产品对环境的影响。这也是"系统化设计"的真正目的：深入研究资源消耗过程中产生的副产品和废品，获得全面信息并进行真实的评估。举例来说，生产过程中所产生的边角废料如丢弃不用就变成无益的消耗。系统化设计就是要建立一种全新的生产模式，其中的产业循环链是开放的，且相互联系。这种方法使材料资源（包括副产品）和能源能够流动起来，既可以保证所有废品得到再利用，也可以建立一个长期稳定的系统。

图例说明

Legend
Legende

组件式设计

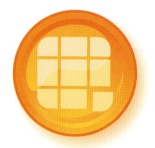

Design for components
Komponentendesign

循环再利用

Recycling and reuse
Recycling und Wiederverwendung

可持续技术

Technology
for sustainability
Technologie im Dienste
der Nachhaltigkeit

缩减材料与拆卸设计

Reduction of materials
and design for disassembly
Materialreduktion und
Produktzerlegung

使用单一材料与生物材料

The use of mono-materials
and bio-based materials
Monomaterial und
„Bio"-Materialen

减小尺寸

Size reduction
Reduzierung der Maße

服务式设计

Service design
Dienstleistungsdesign

生态宣传

Eco-advertising
Ökologische Werbung

系统化设计

Systemic design
Systemisches Design

家用电器

Household appliances
Haushaltsgeräte

简介
Introduction
Einleitung

Household appliances belong to the spheres of production that emerged primarily after the Second World War. Conceived to facilitate domestic activities, they are still chiefly linked to the formal and aesthetic needs of home furnishings. However, thanks to the new strides made in scientific and applied research, this production approach is becoming obsolete. The designs of new-generation washing machines and dishwashers tend to be determined by the function of the product, independent of current fashions. Moreover, environmental issues are forcing manufacturers to be increasingly aware and sensitive, since the emissions and consumption figures of this industry can make up to 60-70% of the totals.
These are the aspects that ecodesign takes into consideration and puts into practice through production approaches such as sustainable technology, systemic design and component design. The household appliances and domestic products presented in this section were born out of these new sustainable trends. They show that it is possible to rethink old functions in a new light and discover other seemingly unusual ones that can nevertheless improve our lifestyles, and not just in terms of savings. The products have been divided into three thematic areas: Water, Air and Food.

Die Produktion von Haushaltsgeräten erfuhr nach dem Zweiten Weltkrieg einen Aufschwung und hatte zum Ziel, die Tätigkeiten im Haushalt zu erleichtern. Bis heute sind Haushaltsgeräte an die formellen und ästhetischen Eigenschaften der Küchen- und Wohnungseinrichtung gebunden. Angesichts neuer wissenschaftlicher Untersuchungen ist dieser Ansatz veraltet. In der Entwicklungs- und Gestaltungsphase steht nunmehr zur Bestimmung der modernen Geräteform die Funktion im Mittelpunkt, unabhängig von gegenwärtigen Trends. Die Reduzierung der Emissionen und des Energieverbrauchs, die zusammen einen Anteil von 60-70% darstellen, werden auch in dieser Branche angesichts aktueller Umweltprobleme immer wichtiger.
Diese Aspekte werden beim ökologischen Design berücksichtigt und durch neue Produktionsansätze wie nachhaltige Technologie, systemisches Design und Bauteiledesign ersetzt. Die in diesem Kapitel vorgestellten Haushaltsgeräte und Wohngegenstände gehen auf diese Strömungen zurück. Sie zeigen, dass es möglich ist, alte Funktionen auf neue Weise einzusetzen oder auch neue, bislang ungewöhnliche Funktionen zu etablieren, die eine Verbesserung des Lebensstils bedeuten, und zwar nicht nur durch Einsparungen. Die gewählten Themenbereiche sind: Wasser, Luft, Ernährung.

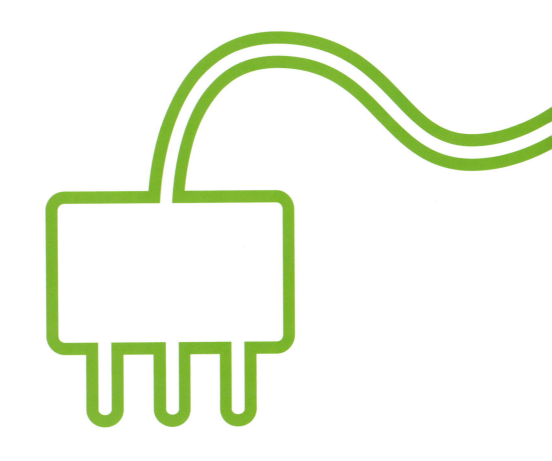

　　家电业属于在二战之后才出现的生产领域，由于其目的是为了方便家庭生活，这类产品仍主要以满足家居装饰的形式和美感需求为己任。然而，科技的进步正使这种生产方式面临淘汰。例如新一代洗衣机和洗碗机的设计就主要由产品的功能决定，不受时尚支配。此外有关环境的问题也迫使制造商更加敏感，因为这一产业的碳排放和资源消耗占据了总量的60%～70%。

　　以下几方面是生态设计需要考虑并在生产过程中应付诸实施的，例如可持续技术、系统化设计以及组件设计。本章所展示的家用电器与室内产品都是从这些新的可持续发展趋势中诞生的。这些产品告诉我们，不必一味地考虑节省，只要用新的视角重新思考旧有的功能，就可能发掘出不寻常的但却可以改进我们的生活方式的产品。以下产品被分为三个主题领域——水、空气和食品。

绿色厨房

可持续循环的厨房
Continuous-cycle kitchen
Küche der Zukunft

www.whirlpool.co.uk

GCD, Whirlpool Europe
2008
原型

Whirlpool Global Consumer Design brings us the kitchen of the future. It may look just like its traditional counterpart, but Greenkitchen is actually based on an intelligent continuous cycle of water and heat. Clean tap water is identified by sensors placed in the sink's drain, channeled into a special tank and reused for watering plants or running in the dishwasher; the latter, in turn, uses the heat generated by the fridge's motor to heat the water. Everything that is expelled from one unit therefore gets filtered and sanitized so it can be used by another unit, which translates into energy savings of up to 70%. This amount can even be increased by 10% when Greenkitchen is used with particular knowledge and care.

Greenkitchen ist ein innovatives Projekt für den nachhaltigen Umgang mit Ressourcen, entwickelt von Whirlpool Global Consumer Design. Auf den ersten Blick gleicht Greenkitchen herkömmlichen Modellen. Der Unterschied liegt allerdings in einem zusätzlich eingebauten intelligenten Wasser- und Wärmezyklus. Das saubere Wasser, das aus dem Hahn in die Spüle fließt, wird von Sensoren erkannt und in einen speziellen Tank zur Wiederverwendung, beispielsweise für den Geschirrspüler, geleitet. Der Geschirrspüler wiederum nutzt die Wärme, die vom Kühlschrankmotor produziert wird, um das Wasser zu erhitzen. So wird die Energie, die innerhalb eines Gerätes erzeugt wird, an einer anderen Stelle wieder verwendet. Dadurch kann der Energieverbrauch um bis zu 70% reduziert werden. Bei umweltbewusster und effizienter Benutzung von Greenkitchen können noch weitere 10% eingespart werden.

  这是惠而浦全球消费设计公司带给我们的未来厨房。看上去似乎与传统的厨房很相似，但是绿色厨房实际上是建立在一套智能的水和热可持续循环的系统上的。安装在洗涤池排水管处的传感装置可以识别清洁的水流，并导入一个特殊的容器，可再利用浇灌植物或作为洗碗机用水，洗碗机所用的热量是冰箱压缩机工作所产生的，由此将水加热。从一个单元流出的水经过消毒和过滤后就可以被另一个单元使用，这样，这个系统可以节省能量高达70%。如果使用得当的话，这个数字甚至还可以再提高10%。

46
Handpresso
手持咖啡机
Manual espresso maker
Manuelle Espressomaschine

design by NIELSEN INNOVATION

design by NIELSEN INNOVATION

Handpresso is a dream come true for coffeeholics. This portable, manual espresso machine makes it possible to prepare a real espresso anywhere. Because of its linear design and the lack of certain components of traditional machines, the product is compact (8.5 x 4 x 2.8"), and lightweight (16.8 oz) and easy to use. The water is boiled separately and kept hot inside a thermos. When it is poured into the machine it reaches the same pressure as conventional machines (16 bars) thanks to the use of a hand pump, and it flows into a cup through an E.S.E. paper coffee pod, which is widely available on the market. With its lack of electrical components and simple design, Handpresso is not only unique for its convenience but also for the energy it saves.

Für alle Kaffeesüchtigen ist Handpresso ein Traum, der wahr geworden ist. Mit dieser tragbaren Kaffeemaschine ist die Espressozubereitung jederzeit und überall möglich. Das lineare Design und der Verzicht auf bestimmte Komponenten herkömmlicher Kaffeemaschinen ermöglichen die geringen Maße von 22 x 10 x 7 cm und das leichte Gewicht von 476 g. Die Handhabung bleibt dennoch einfach. Mit einer manuellen Pumpe wird das separat erhitzte Wasser auf den für Kaffeemaschinen üblichen Druck von 16 Bar gebracht. Es fließt dann durch ein E.S.E.-Pad in die Tasse. Handpresso besitzt keine elektrischen Bauteile und wechselt somit von der Kategorie der elektrischen Haushaltsgeräte zu den „Handhaltgeräten".

design by NIELSEN INNOVATION

www.handpresso.com

Handpresso 手持咖啡机使咖啡发烧友们梦想成真。这款便携的、手动咖啡机使您可以随时随地喝到一杯纯正的意式咖啡。这款拥有流线造型、舍弃了一些传统咖啡机构件的产品体积小（22cm×10cm×7cm）、重量轻（476克），并且操作相当简便。烧好热水并贮存在保温瓶中，将热水倒入机器后，通过手动压力泵使机器内部的压力达到普通咖啡机的压力水平（16巴），然后将饮料通过一种市场上随处可见的 E.S.E. 咖啡滤纸，一杯咖啡就做成了。Handpresso 没有电器零件而且设计简单，不仅便利，更胜在节能。

Patrick Château and David Petitdemange (Nielsen Innovation) for Handpresso (法国)
2007

Local River
家用食品生产系统
In-home food-production system
Private Lebensmittelproduktion

In its conception of Local River, Artist Space was inspired by the "locavore" movement that was started in California to invite to the consumption of food that is exclusively local and thus always fresh. Rather than just decoration, as one might expect, this sophisticated and provocative aquarium of hothouse plants is primarily intended for the breeding of plants and fish destined for household consumption. Just as in nature, Local River needs no external intervention in order to work. In fact, the relationship that is established between the floral and ichthyic systems creates a self-sufficient biotope: the nitrates in the fish excrement fertilize the plants, which in turn act as filters to re-clean the water. Both the attractive design and the savings tied to in-home food-production could even cause one to forget the unusual way this aquarium is used.

Dieses Aquarium erhielt seinen Namen in Anlehnung an die kalifornische Bewegung „Locavores". Anhänger dieser Bewegung konsumieren nur Lebensmittel, die in einem kleinen Umkreis von ihrem Wohnort produziert werden und die Umwelt nur wenig belasten. Das raffinierte und gleichzeitig provozierende Projekt Local River wurde von Artist Space vorgestellt. Es dient nicht der Dekoration wie man annehmen könnte, sondern vielmehr der Pflanzen- und Fischhaltung für den privaten Verbrauch. Local River erfordert keine äußeren Eingriffe. Die Pflanzen in den Glasbehältern über dem Aquarium und die Fische bilden ein eigenständiges Biotop, genau wie in der Natur: die nitratreichen Ausscheidungen der Fische dienen als Dünger für die Pflanzen, die wiederum mit ihren Wurzeln das Wasser filtern und säubern. Sowohl das attraktive Design wie auch die mit der häuslichen Pflanzen- und Fischhaltung verbundenen Einsparungen lassen vielleicht den ungewöhnlichen Zweck dieses Aquariums vergessen.

Local River 的概念，是 Artist Space 公司受到从美国加利福尼亚州开始兴起的本地食客运动（locavore movement）的启发而来的，这一运动号召人们只吃当地出产的、因而更新鲜的食物。与某些人的预期不同，Local River 可不仅是一个装饰品，这个复杂的、令人兴奋的温室植物鱼缸的主要功能是种植植物和养鱼以供家庭食用。就好像在真正的自然界里一样，Local River 的运转不需要外部的干预，事实上这个系统在植物和鱼类之间建立的联系创建了一个自给自足的生态环境：鱼排泄物中的硝酸盐成为植物的肥料，植物则成为使水保持清洁的过滤器。引人入胜的设计与家庭食物生产带来的节约甚至使人们忘记了这个鱼缸不寻常的工作方式。

www.mathieulehanneur.com

Mathieu Lehanneur in collaboration with
Anthony Van Den Bossche for Artists Space (美国)
2008
原型

BioLogic

植物洗衣机
Washing machine with plants
Waschmaschine mit Pflanzen

The name says it all. In this intelligent and sustainable washing machine, nature in fact works in the service of logic through a system of macrophyte purification. The hydroponic plants placed between the six laundry pods filter the water of the substances released by detergents so they are prevented from polluting the waste water. The six pods allow the laundry to be distributed according to type so that several cycles can run at once. BioLogic sprouted from an analysis of the interrelationships between product, environment and functioning times, based on the simple, logical principle that results are improved and guaranteed when operations are carried out with patience and care. In this sense, washing speed takes a back seat to sustainable functionality.

Im Namen steckt bereits das Konzept: Bei dieser intelligenten und umweltschonenden Waschmaschine arbeitet nämlich die Natur im Dienste der Logik. Zwischen den sechs Wäschebehältern befinden sich Zuchtpflanzen, die das Wasser nach dem Waschvorgang von den im Waschmittel enthaltenen Schadstoffen reinigen. In den Behältern kann die Wäsche nach Bedarf verteilt werden. Dadurch können gleichzeitig mehrere Waschzyklen durchgeführt werden. Das Projekt entstand durch die Untersuchung der Wechselwirkungen zwischen Produkt, Umwelt und Betriebsdauer. BioLogic basiert auf dem einfachen aber auch logischen Prinzip, dass Ruhe und Konzentration bei der Ausführung einer Tätigkeit ein bestimmtes Ergebnis gewährleisten und sogar verbessern können. In diesem Sinne wird der nachhaltigen Funktionalität eine wichtigere Rolle zugesprochen als der Schnelligkeit des Waschvorgangs.

这个名字就已经说明了一切。这款智能兼环保的洗衣机本质上是利用植物的净化功能进行工作的。被六个洗衣系统环绕在中央的水生植物，能够过滤水中洗涤剂洗下来的脏东西，减少水的污染。六个系统使人们可以根据洗衣类型进行区分，几个系统可以同时工作。Biologic 的灵感来源于人们对产品、环境和作用时间之间关系的探索，一个简单合理的逻辑就可以说明这一切：只要人们耐心、仔细地操作，衣服就可以洗干净。从这个意义来讲，"洗衣速度"已经退居其次，取而代之的是人们对"可持续功能"的关注。

www.project-f.whirlpool.co.uk

Ruben Castano, Patrizio Cionfoli and Giuseppe Netti for GCD, Whirlpool Europe
2002
原型

54

iSave
节水指示器
Consumption indicator
Wasserverbrauchsanzeige

While there is increasing talk of reducing the consumption of raw materials, it is not easy to change attitudes, especially when there is no clear or direct idea of how much is being consumed. To make up for this problem when it comes to water, Chinese designer Yu Guoqun developed iSave, a consumption indicator that is installed on faucets and shows immediately how much water comes through each time it is used. As it runs through the turbines that help calculate the amount consumed, the water also feeds the LED display where the numbers appear. So even if it does not reduce consumption directly, quantifying the water flow draws attention to the consequences that daily actions have on the environment.

Oft spricht man von der Notwendigkeit, kostbare Rohstoffe wie z. B. Wasser nicht zu verschwenden. Gleichzeitig aber ist es nicht leicht, die eigenen Gewohnheiten zu ändern, vor allem wenn der Verbrauch nicht exakt messbar oder sofort erkennbar ist. Um dieses Problem beim Wasserverbrauch zu lösen, hat der chinesische Designer Yu Guoqun die Verbrauchsanzeige iSave entwickelt. Diese wird auf dem Wasserhahn angebracht und zeigt bei jeder Benutzung die verbrauchte Wassermenge an. iSave verbraucht keine zusätzliche Energie, sondern wird von einer Mini-Turbine angetrieben, die durch den Wasserdruck aktiviert wird. Zwar wird der Wasserverbrauch durch diese Neuheit nicht unmittelbar verringert, aber die Quantifizierung sorgt dafür, dass sich der Verbraucher der täglichen Umweltbelastung bewusst wird.

虽然当前社会对于减少原材料消耗的议论越来越多，却仍很难改变一些人的态度，尤其是当你并不清晰直观地知道自己消耗了多少资源的时候。来自中国的设计师于国群和他的作品 iSave 填补了这项空白——在水龙头处安装了一种指示器，能够即时显示每次流过的水量。这种装置通过涡轮流量表记录数据并反馈在水龙头处显示数字的屏幕上。所以即便没有直接减少水的消耗，将水的流量量化这种形式也足以提醒人们应注意自己的日常生活给环境造成的影响了。

www.beingobject.com

Yu Guoqun for Being Object Design (中国)
2006
原型

56
Bel-Air

空气净化器
Air purifier
Luftreiniger

www.mathieulehanneur.com

Mathieu Lehanneur in collaboration
with David Edwards, Harvard University
for Le Laboratoire Paris (法国)
2007

Considering all the harmful substances in the air, home environments are not always as protected as is commonly believed—suffice it to think of the formaldehyde found in some disinfectants. As a solution, French designer Mathieu Lehanneur offers Bel-Air, an air-purifier for interiors that uses the filtering capabilities of certain plants. In the research conducted by NASA in the 1980s on how to improve the air quality on board space shuttles, the leaves and roots of plants like gerbera, philodendron and spathiphyllum were found to be particularly suitable for this purpose. The plants are placed inside this futuristic apartment purifier that works like a living filter and therefore needs no electrical replacement parts. Bel-Air's designer calls it the "tutelary deity" of the house.

Betrachtet man die vielen verschiedenen Schadstoffe in der Luft genauer, ist auch das häusliche Umfeld bei weitem nicht so geschützt wie man meinen könnte – man denke z. B. an den Schadstoff Formaldehyd in einigen Pflege- und Reinigungsmitteln. Mit Bel-Air entwickelte der französische Designer Mathieu Lehanneur eine Lösung zur Luftreinigung der Innenräume, die auf der Filterfähigkeit bestimmter Pflanzen beruht. In den 1980er Jahren forschte die NASA nach einem System zur Verbesserung der Luftqualität auf Raumschiffen. Dabei entdeckte man, dass Blätter und Wurzeln von bestimmten Pflanzen wie Gerbera, *Philodendron* und *Spathiphyllum* besonders geeignet sind. Die Pflanzen werden in dieser futuristischen Kapsel eingesetzt und verwandeln sie in einen „lebenden" Filter. Für Bel-Air werden keine Austauschfilter benötigt.

由于空气中存在有害物质，家居环境并不总是像人们想象的那样安全——只要想想消毒剂中那些甲醛成分就足够了。为此，法国设计师马蒂厄·莱哈诺尔（Mathieu Lehanneur）设计了Bel–Air，一款利用植物的过滤功能净化空气的室内空气净化器。早在1980年代美国国家航空和宇宙航行局为改善航天飞机舱体内空气质量所做的研究中，就发现一些植物的茎叶比如大丁草、喜林芋、白鹤芋等就特别适于净化空气。将植物置于充满未来风格的净化器空间内，好像一个有生命的净化器在工作，不需要任何电子元器件。设计师称Bel–Air为"家的守护神"。

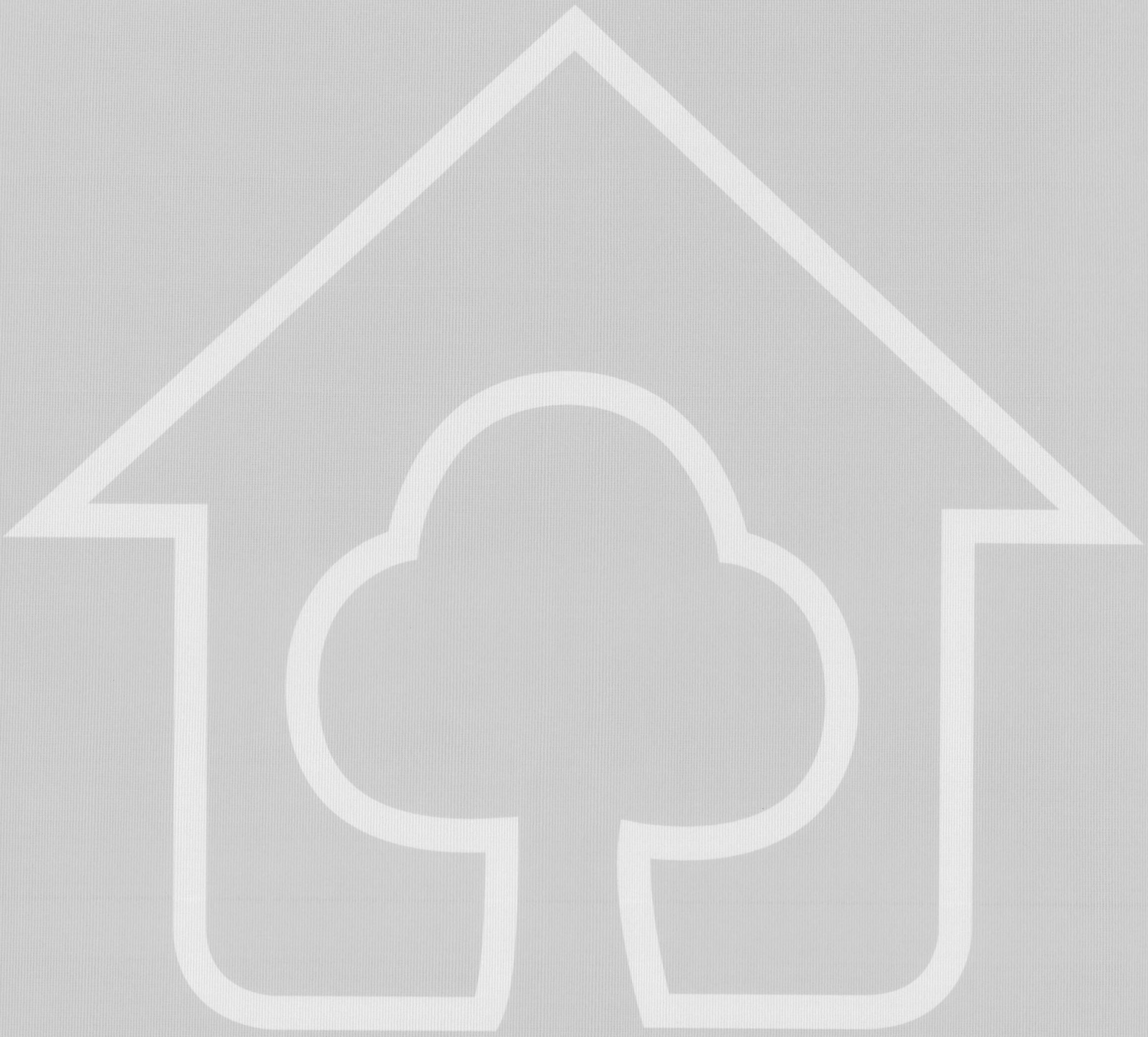

家具

Furniture
Möbel

简介
Introduction
Einleitung

Indoor furniture tends to be made in such a way that it satisfies needs like organization, space-optimization and the storing of goods. However, in the continuous modernization of society, these principles are often superseded by the must-have consumer status symbol. Original function is therefore increasingly determined by appearance, thereby becoming a distinguishing mark of a certain social class.

Parallel to this development in the furniture industry, with its all-too-often negative consequences for the environment, trends in sustainable development that show how protecting our natural resources does not have to mean forgoing aesthetics. In our society, which has gotten so used to the politics of consumerism and needs productive, social and economic change, this tendency is asserting itself more all the time. As a result, the products selected here are just a sample of the many functional, aesthetic and environmental solutions available on the market or in the experimental phase. They all, however, take principles of ecodesign into account, including reducing and compressing (Ori.Tami), designing for components (EVA), mono-materials (Loco), bio-based materials (especially unusual ones for the industry, like cornstarch for the Starch Chair) and recycled materials (Cabbage Chair).

The six types presented here are: kitchens, tables, chairs, lamps, various furnishing elements and containers.

Inneneinrichtung entsteht aus dem Bedürfnis nach Ordnung, Platzoptimierung und Aufbewahrungsmöglichkeiten. Die Modernisierung der Gesellschaft hatte zur Folge, dass diese Idee von dem Wunsch nach Konsum und Statussymbolen verdrängt wurde. Die ursprüngliche Funktion wird immer mehr durch das Design bestimmt und als Ausdruck einer bestimmten Gesellschaftsschicht verstanden.

Neben dieser Entwicklung, die häufig negative Folgen für die Umwelt mit sich bringt, zeigt sich ein neuer Trend zu nachhaltigen Lösungen, die vor allem die natürlichen Ressourcen schonen und gleichzeitig die Ästhetik wahren. In unserer Gesellschaft, die sich inzwischen der Konsumpolitik ergeben hat und einen produktiven, sozialen und wirtschaftlichen Wechsel benötigt, hat sich dieser Trend noch verstärkt. Die hier vorgestellten Möbel zeigen die Bandbreite an funktionellen, ästhetischen und umweltfreundlichen Lösungen, die bereits auf dem Markt bestehen oder sich in der Entwurfsphase befinden. Sie alle stehen für bestimmte Grundsätze des Ökodesigns. Ori.Tami steht für eine kompakte Gestaltung, EVA für Bauteiledesign, Loco für die Verwendung nicht sichtbarer Materialien oder der Starch Chair für die Verwendung ungewöhnlicher Materialien wie Maisstärke.

Die hier vorgestellten Typologien sind: Küchen, Tische, Sitzmöbel, Lampen, verschiedene Ausstattungselemente und Behälter.

  设计制造室内家具通常是为了满足生活需要，比如说要满足结构组织、空间优化和物品存放等需要。但是，在社会现代化的进程中，这些目的往往被显示消费者身份地位的要求所取代。原有的功能越来越取决于外观，从而成为区分某个社会阶层的标志。

  家具行业在发展的同时也带来了对环境长期、消极的影响，可持续发展的趋势告诉我们应保护自然资源，但这并不意味着要放弃美学。在我们的社会中，各种保护消费者权益的政治运动司空见惯，而社会更需要的是富有成效的社会经济变革，这种趋势会一直存在。本书选择的产品是一些市场上已有的或是还处于试验阶段的案例，它们在功能、美学以及环境方面做出自己有益的尝试。它们都考虑到一些生态设计的原则，包括精简与压缩（如 Ori.Tami 创意组合沙发床）、组件式设计（如 EVA 可变厨房），采用单一材料（如 Loco 坐椅系统），采用生物材料特别是将一些特殊材料用于工业制造，如用玉米淀粉做成的淀粉椅（Starch Chair）和可回收利用材料，如卷心菜椅（Cabbage Chair）。

  这里要介绍的产品有六种类型：厨房、桌子、椅子、灯具、各种家具部件和容器。

EVA
可变厨房
Convertible kitchen
Modulare Küche

www.adrianodesign.it

adriano design for Scavolini (意大利)
2006
原型

While functionality and practicality are the cornerstones of a good kitchen, the EVA kitchen console has turned these two principles into a philosophy. Its various modules have many different functions. The drying rack can also be used as a cupboard, the counter converts into a kitchen table when needed and the drawers are in a mobile trolley for greater flexibility. The design's purpose is to improve the comfort of the living environment where most housework takes place, particularly in small apartments that require flexible structures. This dynamic, simple and complete kitchen is reduced to functional and material essentials and thus reconciles well with the principles of good ecodesign.

Funktionell und praktisch sollen Küchen sein, das ist ein allgemeiner Leitsatz. Diese zwei Prinzipien wurden bei der Küchenkonsole EVA angewandt. Die verschiedenen Küchenmodule haben mehrere Funktionen: Der Abtropfständer ist gleichzeitig auch Küchenschrank, die Arbeitsfläche kann jederzeit in einen Esstisch verwandelt werden und der Küchenwagen ist beweglich, so dass ein hoher Grad an Flexibilität gewährleistet ist. Ziel des Projektes ist es, den Komfort des Wohnbereichs, in dem die meisten häuslichen Tätigkeiten ausgeführt werden, zu erhöhen. Dieser Aspekt ist besonders in kleinen Wohnungen sehr wichtig, weil dort aus Platzgründen flexible Strukturen benötigt werden. Diese dynamische, einfache und vollständige Küche wird jedoch nicht von funktioneller und materieller Redundanz bestimmt, die schlecht mit den Grundsätzen des Ökodesigns vereinbar wäre.

功能性和实用性是一个好厨房的基础，EVA厨房操作台正是把这两大原则融合进了它的设计理念。它的各种模块有多种不同的功能。干燥器同时可以作为碗柜来使用，操作台在需要时可以变成厨房的餐桌，还有些橱柜安装在可移动的手推车上，因而具有较大的灵活性。设计的目的是改善生活环境的舒适度，大多数的家务劳动都在厨房中进行，尤其是在小户型公寓中更需要厨房具有灵活的结构。这种动态的、简单而完备的厨房精简到只有最基本的功能和要素，因此符合生态设计的原则。

小厨房

功能厨房
Functional kitchen
Funktionale Küche

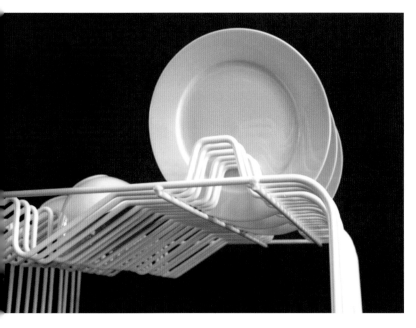

"Bare essentials" is the basic concept here, as demonstrated by the limited use of materials and the extreme functionality. Kitchenette is a modular kitchen made exclusively of plastic-coated metal wire. Fully synthesizing separate functions in one minimalist structure that has no use for aesthetic charms, this kitchen includes four elements that can be freely positioned according to space and need. With an extremely spare but consistent design, Kitchenette provocatively redefines the idea of the kitchen as being synonymous with large convivial spaces, partly in accordance with the real needs of reducing space. What it lacks in practicality during cleaning, it makes up for in the extreme conservation of the materials used to create it.

Das zugrundeliegende Konzept ist hier Essentialität, davon zeugen der minimale Materialverbrauch und die besondere Funktionalität. Die vier Elemente der Kitchenette bestehen ausschließlich aus Metalldraht, der mit Kunststoff überzogen wurde. Sie können je nach Platz und Bedarf aufgestellt werden. Die minimalistische Struktur hebt die Funktionen der Küche besonders hervor, wobei kein Raum für ästhetische Reize bleibt. Mit extrem reduziertem aber trotzdem kohärentem Design definiert Kitchenette die Idee der Küche als Ort der Geselligkeit neu. Zudem berücksichtigt dieses Projekt das aktuelle Bedürfnis nach Platzeinsparungen. Die Tatsache, dass viel weniger Material verwendet wurde, trägt vielleicht dazu bei, dass der unpraktischen Reinigung nicht so viel Beachtung geschenkt wird.

www.janjannes.com

"极少要素"是这里最基本的概念，材料的限制使用和极致的功能性将这一概念呈现出来。小厨房是只用一种塑料涂层的金属线制成的模块化厨房。这种厨房将各种单独的功能集成在一个无任何审美诉求的极简主义的结构中，它包括四个部件，可以根据空间和需要自由布置。经过极致简约但却一气呵成的设计，局部还根据实际需要缩减了空间，小厨房将厨房空间的概念进行了重新定义，带来与大型欢聚空间同样的体验。通过对所用材料的特别保护，小厨房弥补了其在清洁方面所缺少的实用性。

Jan Dijkstra for Studio JanJannes
(荷兰)
2005
原型

72

瓷砖厨房
瓷砖模块厨房
Ceramic-tile modular Kitchen
Modulare Küche aus Keramikfliesen

This product returns the kitchen to its basics and, by re-conceiving the aesthetic, makes it a pure sum of its essential functions: cooking, washing, preparing, hanging, preserving, cleaning and time-management. Tile Kitchen is produced entirely of white ceramic tiles and thereby offers the maximum formal intelligence with a minimum of materials and sizes. The design includes twelve basic tiles. Four are structural, including three with different angles and one to hold water. The remaining eight are functional: herb container, magnet, mortar, utensil holder, book stand, dish rack, alarm clock and towel holder. Each of these functions are thus in full view. The kitchen is also equipped with five steel burners, each connected separately to the cooking surface and therefore easy to re-position. The whole kitchen measures 158.5 x 78 x 65". However, being a "free-choice kitchen," as the company proclaims, it could also be enlarged according to need.

Die Küche kehrt zu ihren Wurzeln zurück und bildet die Summe ihrer essentielen Funktionen: kochen, spülen, vorbereiten, aufhängen, aufbewahren, reinigen und optimales Timing. Tile Kitchen besteht ausschließlich aus Fliesen und bietet so maximale formale Intelligenz bei minimalem Material- und Platzverbrauch. Das Projekt besteht aus zwölf Fliesentypen: vier strukturgebende Fliesen, drei davon mit unterschiedlichen Winkeln und eine, in der Wasser fließen kann. Acht Fliesen sind hingegen rein funktional und dienen verschiedenen Zwecken: zur Kräuteraufbewahrung, als Magnet, Mörser, Werkzeughalter, Buchstütze, Abtropfständer, Wecker oder Handtuchhalter. Die Küche ist mit fünf Stahlkochern ausgestattet. Jeder Kocher ist separat mit dem Herd verbunden und kann an jedem beliebigen Ort in der Küche eingesetzt werden. Die Küche, die sich noch in der Experimentierphase befindet, misst 403 x 198 x 165 cm, kann aber nach Bedarf vergrößert werden.

这个产品使厨房回到了它最基本的元素,通过美学方面的重构,厨房成为一系列纯基本功能的集合,如烹饪、洗涤、准备、晾挂、储藏、清洁和时间管理。瓷砖厨房完全由白瓷砖制成,从而用最少的材料与尺寸竭尽所能为使用者提供一切。该设计包括12个基本的瓷砖模块。有四个模块是具有结构性质的,其中三个模块是不同形式的转角模块,还有一个用于储水。剩下的八个单元是功能性的,包括调味品容器、磁铁、臼杵、器皿架、书架、餐盘架、时钟警报器和毛巾架。这样每种功能都一览无余。厨房里还配备了五个钢制炉头,每个都分别连接到灶台面上,因此易于重新布置。整个厨房的尺寸是:403cm×198cm×165cm。当然,如公司宣称的那样,作为一个"可自由选择的厨房",它也可以根据需要而进行扩大。

www.droog.com

Arnout Visser, Erik Jan Kwakkel and Peter van der Jagt for Droog (荷兰)
2001
原型

74

咖啡桌
包装和产品
Packaging and product
Imballaggio e prodotto

Packaging is traditionally conceived mainly for "single use," to be discarded as soon as the purchased object has reached its destination. Coffee Table shows how it can become instead an integral part of the object itself, thereby avoiding useless waste. The two colored parts that make up this unusual packaging are made of EPP (expanded polypropylene) and have thin slits into which the glass surface is inserted for transport and storage. Once they have served their protective function, the pieces can be easily assembled at home to create a support for the sheet of glass that, with its weight, stabilizes this amusingly-designed little table.

Die Verpackung wird mehrheitlich als „Einweg-Gegenstand" betrachtet, den man, sobald die Ware ihr Bestimmungsziel erreicht hat oder ausgepackt wurde, wegwirft. Beim Coffee Table ist es anders: die Verpackung wird zum Bestandteil des Möbelstücks selbst und unnötige Abfälle werden vermieden. Die beiden farbigen Elemente dieses ungewöhnlichen Packagings bestehen aus EPP (expandiertes Polypropylen). Schmale Kerben an den Seiten schützen die Ablagefläche aus Glas während des Transports und der Zwischenlagerung. Diese einzelnen Bestandteile werden dann zu Hause auf einfache Weise zusammengebaut. Sie bilden den stützenden Teil für die Glasplatte. Stabilität erhält der Tisch zudem durch das Gewicht der Glasplatte.

包装在传统构思中主要是"一次性使用",只要购买的物品到达它的目的地就会被丢弃。这个咖啡桌展示了它如何成为构成物品的、必不可少的一部分,因而避免了无谓的浪费。这两个彩色部分组成的不同寻常的包装是由 EPP(膨胀聚丙烯)材料制成的,它的上面有些细小的缝隙,玻璃桌面可以嵌入这些缝隙中运输和储存。一旦它们完成了包装的保护功能,这些部件在家里可以很容易地组装起来变成玻璃桌面的支架,玻璃桌面的重量使这个趣味性设计的小桌子更稳固。

www.studioboca.it

Studio BoCa (意大利)
2007
原型

Tavolo Infinito

可延长的桌子
Extendable table
Ausziehbarer Tisch

In 2004, working under her professional name Missdesign, Laurence Humier presented an aluminum table that can be extended—not infinitely as the name suggests, but according to the needs of the user. The design is intended for those who live in a restricted space but still want to host dinner parties. The folding structure is made of aluminum, an infinitely recyclable material: thus the true origin of the name. Meanwhile, the surface looks like an extendable blind that takes up very little space when the table is dismantled. The product is also indestructible: with no permanent joints, each element can be replaced in case of malfunction, so one damaged part does not compromise the whole table.

2004 stellte die belgische Designerin Laurence Humier unter ihrem Künstlernamen Missdesign einen ausziehbaren Aluminiumtisch vor. Auch wenn er nicht bis ins Unendliche reicht, wie es der Name suggeriert, kann er den unterschiedlichen Bedürfnissen angepasst werden. Das Projekt richtet sich vor allem an jene, die trotz eines begrenzten Wohnraums, nicht auf gesellige Mahlzeiten verzichten wollen. Die biegsame Struktur besteht aus Aluminium, einem unendlich oft wieder verwertbaren Material. Darauf ist auch der Name des Tisches tatsächlich zurückzuführen. Die Auflagefläche sieht wie ein Rollladen aus und nimmt wenig Platz ein, wenn der Tisch nicht aufgestellt ist. Ein weiterer interessanter Aspekt liegt in der Unzerstörbarkeit: der Tisch besitzt keine festen Verbindungsstellen. Jedes Element kann ersetzt werden, falls es nicht mehr funktionieren sollte, so dass die Verwendung des ganzen Gegenstandes nicht beeinträchtigt wird.

2004年，劳伦斯·胡米尔（Laurence Humier）在她的专业机构Missdesign工作时，设计了一款铝制的桌子，可以延长——不是像它名字所描述的那样无限延长，而是根据用户的需要来调节。该产品是为那些生活空间狭小但仍希望举办宴会的人设计的。可折叠的结构是铝制的，一种可无限循环利用的材料：这也正是这个名字的真正来源。它的表面看起来像一个可展开的百叶窗，当这个桌子拆散的时候所占用空间非常小。该产品也可称得上是永不毁坏的：因为不是固定的连接结构，出现问题的时候每个部件都可以被替换，所以某一部分的损坏不会影响整个桌子的使用。

www.missdesign.it

Laurence Humier（意大利）
2004

78

卷心菜椅子

纸质扶手椅
Paper armchair
Papiersessel

The possibilities offered by paper recycling are often unusual. This armchair was made for an exhibition with scraps of pleated paper, which is used in large quantities by the company of Japanese designer Issey Miyake. Initially, the sheets were rolled up, creating a cylinder that was then cut vertically along one side to mid-height. Falling backward, the sheets of paper created an armchair—a light and animated design that recalls the leaves of a cabbage. At the end of the process, a thin layer of resin was added to make the structure compact and prevent its deformation with use. The pleating of the paper makes it especially elastic, resulting in a chair that is comfortable, fun to look at and inspiring in its creative recycling of materials that would otherwise be discarded.

Die Wiederverwertung von Papier bietet ungeahnte Möglichkeiten. Der Sessel wurde 2008 bei einer vom japanischen Designer Issey Miyake initiierten Ausstellung in Tokyo vorgestellt. Im Mittelpunkt der Ausstellung standen Objekte aus Plisseepapier, einem Material das bei bestimmten Verarbeitungsprozessen in großen Mengen entsteht und danach entsorgt wird. Die aussortierten Bögen werden zunächst aufgerollt. Der so entstandene Zylinder wird senkrecht auf einer Seite bis zur Hälfte eingeschnitten. Die einzelnen Papierbögen fallen nach hinten herab und bilden einen Sessel, der mit seinem schwungvollen und luftigen Aussehen an die Blätter eines Kohls erinnert. Eine dünne Schicht aus Harz verleiht der Struktur Festigkeit und verhindert Verformungen, die bei der Benutzung entstehen können. Gleichzeitig gewährleisten die Falten im Papier eine gute Elastizität. Das Ergebnis ist ein gemütlicher und witziger Sessel, der die Fantasie leidenschaftlicher Bastler beim Experimentieren und Herstellen neuer Gegenstände aus einem Material, das sonst für den Abfall bestimmt wäre, anregen wird.

纸的回收利用常常给我们带来不同寻常的可能性。这个扶手椅是日本设计师三宅一生的公司为个展览制作的，用了大量废弃的褶皱纸。首先，这些纸张被卷起来，形成一个圆柱体，然后沿着一边垂直地切割纸卷至中间高度。接着向后层层剥落纸片形成一个扶手椅——这个轻松、活泼的设计让我们想起了卷心菜的叶子。在最后阶段，涂饰一层薄薄的树脂使结构更紧密，也可以阻止它在使用的过程中变形。纸的褶皱使椅子特别有弹力，非常舒适，看起来也很有趣，从而激发了更多废弃材料有创意的循环再利用。

www.nendo.jp

nendo for XXIst Century Man（日本）
2008
原型

82
Catifa
支架坐椅
Trestle chair
Stuhl mit Drehfußgestell

With colored polypropylene bodywork and recycled-steel trestles, the chairs in the Catifa 46 and Catifa 53 collections by Italian company Arper may look like other chairs, but in fact they are quite unique. An evaluation of their environmental impact has been carefully analyzed for every phase of their life cycle, from the choice and treatment of the raw materials to the packaging and recycling of the final product. The analysis led to the development of a complex calculation procedure that was assigned an EPD (Environmental Product Declaration) in accordance with ISO 14025, which attests to the product's sustainability at the international level. Its simple, essential form hides the precise work that went into improving Catifa's performance, ergonomic and otherwise.

Auf den ersten Blick ähnelt dieses Modell anderen Stühlen mit Sitzschale aus farbigem Polypropylen und Drehfußgestell aus Recycling-Stahl. Die Catifa-Modelle 46 und 53 der italienischen Firma Arper weisen jedoch einen bemerkenswerten Unterschied auf. Während ihrer Produktion wurde für jede Lebensphase die Umweltbelastung untersucht, von der Auswahl der Materialien über die Materialbehandlung und Verpackung bis hin zur Gebrauchsphase und Entsorgung. Diese Analyse führte zur Entwicklung einer komplexen Berechnung, die mit der international anerkannten Norm EPD (Enviromental Product Declaration), auch bekannt als ISO 14025, ausgezeichnet wurde. Dieses Zertifikat gibt Auskunft über die Umweltverträglichkeit und Nachhaltigkeit von Produkten.

有着彩色的聚丙烯椅身和可循环利用的钢支架,意大利公司 Arper 出品的 Catifa 46 和 Catifa 53 系列坐椅可能看起来和其他椅子差不多,但实际上它们完全是独一无二的。这一产品生命周期的每一阶段,从选择和处理原材料到包装及最终产品的循环再利用,都已经过仔细的环境影响测评分析。这些分析按照由 EPD(环境无害产品宣言)根据 ISO 14025 标准设计的一个复杂计算程序进行,确保产品在可持续性方面达到国际水准。Catifa 椅子简单而基本的形式后面隐藏着许多精确的工作,使其在性能、人体工学等其他方面都得以改善提高。

www.arperitalia.it

Alberto Lievore, Jeannette Altherr
and Manel Molina for arper (意大利)
2004

84

Kada
多功能凳
Multi-functional stool
Multifunktionaler Hocker

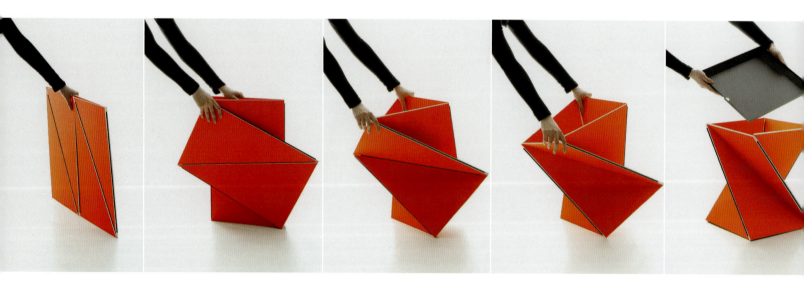

For this multi-functional piece of furniture, designer Yves Béhar took inspiration from the low table on which coffee is served on the Turkish island of Büyükada. With its changing surfaces, Kada can be reinvented daily to become either a padded stool or a little table with a painted metallic top, which can also be used as a tray. The structure is laminated with a neoprene zipper. It is sold unassembled in a flat package, but once put together, it demonstrates its capacity (19.5 x 23.5 x 30.5"). Kada was the winner of the Red Dot Design Award in 2007.

Für dieses Multifunktionsmöbel hat der Designer Yves Béhar sich von den charakteristischen Tischchen, die auf der türkischen Insel Büyükada zum Kaffeetrinken benutzt werden, inspirieren lassen. Kada hat trotz der schlichten Form vielfältige Funktionen und kann etwa als gepolsterter Hocker oder als Beistelltisch mit einem Aufsatz/Servierbrett aus Metall benutzt werden. Die Struktur ist aus Laminat, mit Scharnieren aus Neopren. Nach dem Aufbau hat er ein Fassungsvermögen von 50 x 59,5 x 78 cm. Kada erhielt 2007 den Red Dot Design Award.

这件多功能家具，是设计师伊夫·贝阿尔（Yves Béhar）从土耳其小岛 Büyükada 上一个喝咖啡的矮桌上获取的灵感。凭借其不断变化的表面，kada 在日常生活中可以变为一个有垫的凳子，也可以是一个带有金属漆顶面的小桌子，这个桌子的顶面同时也可作为一个托盘来使用。Kada 由带有橡胶拉链的层板结构组成。它以一个扁平未组装的包装来销售。但是，一旦组装成形，就成为立体结构，体积为 50cm×59.5cm×78cm。kada 赢得了 2007 年度的红点设计大奖。

www.danesemilano.com

Yves Béhar for Danese (意大利)
2006

88

网椅
钢丝网扶手椅
Wire mesh armchair
Sessel aus Metallnetz

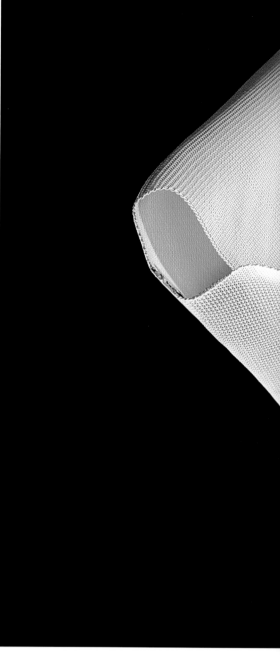

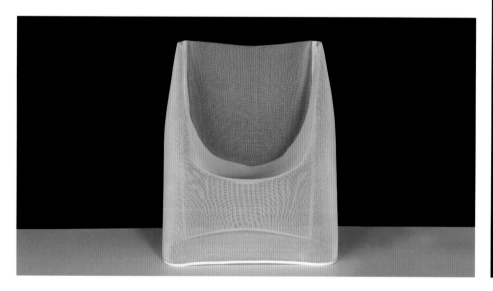

The *Little Wild Garden of Love*: this was the name of the visionary showroom by Italian company Moroso presented at the Milan International Furniture Salon in 2008. With its light effects and materials, the garden formed the ideal backdrop for the company's fantastical outdoor furniture, which included the Net Chair. The design for this modern armchair, which can also be used indoors, was the result of an experiment with the concept of comfort and the use of unusual materials. The semi-transparent chair measures 23.5 x 21.5 x 39" and is made entirely of wire mesh without any internal structure. The sinuous forms created by the bending sheets of reticular steel ensure its sturdiness, which sets off the ethereal lightness of its design. The points of conjunction and contact with the floor are reinforced to ensure stability. Through the use of a single material, the design is both modern and sustainable.

The *Little Wild Garden of Love*: So hieß der beim Salone Internazionale del Mobile 2008 in Mailand vorgestellte visionäre Showroom des italienischen Herstellers Moroso. Der mit Licht- und Materialeffekten gestaltete Garten war die ideale Bühne für die phantasievollen Outdoormöbel der Firma, darunter auch der Net Chair. Die Idee für diesen modernen Sessel, der auch für Innenräume geeignet ist, entstand durch den Versuch Sitzkomfort auch mit ungewöhnlichen Materialien zu erreichen. Der Sessel (60 x 55 x 100 cm) ist semitransparent, vollständig aus Metallnetz hergestellt und besitzt keine innere Struktur. Die nötige Stabilität, die in Kontrast zur immateriellen Leichtigkeit des Designs steht, wird durch zwei gebogene Stahlgitterplatten und durch verstärkte Verbindungs- und Bodenkontaktstellen erzielt. Auf Grund der Verwendung eines einzigen Materials erscheint das Projekt auf moderne Weise nachhaltig.

爱的野生小花园（The Little Wild Garden Of Love），是2008年米兰国际家具展中由意大利Moroso公司带来的梦幻样品间的名字。凭借灯光效果和所用材料，该花园展现出公司奇幻室外家具概念的景象，这些室外家具中就包括网椅。这一现代化的扶手椅设计，同样也可用于室内，它是以舒适为概念和使用独特材料进行试验的结果。这种半透明的椅子的尺寸是60cm×55cm×100cm完全由金属网线构成，没有任何内部结构。由弯曲的网状钢板形成的波浪形状保证了其坚固性，这种结构使设计显得轻盈飘逸。网椅与地板连接和接触的点被特别加固以保证其更稳定。通过单一材料的应用，该设计既是现代的又是可持续的。

www.moroso.it

Tomek Rygalik for Moroso (意大利)
2008
原型

Ori.Tami

多功能榻榻米
Multifunctional tatami
Multifunktions-Tatami

Ori.Tami is an example of how design becomes "eco" when it creates versatile and multifunctional objects, even with non-sustainable materials. The name comes from the combination of the Japanese words origami and tatami, the typical mat that futons are placed on for sleeping. With a few simple moves, the little base mattress converts into either a chaise longue, a couch or an armchair, according to need. Its chromium-plated steel structure is covered with polyurethane-foam padding and Lycra upholstering, which is particularly reinforced at the joints. Ori.Tami is packaged like a mattress, so its compact size during the transport phase further contributes to its sustainability.

Ori.Tami ist ein Beispiel dafür, wie Design auch „öko" sein kann, indem es vielseitige und multifunktionale Objekte entwickelt, auch wenn dafür keine nachhaltigen Materialien verwendet werden. Der Name setzt sich aus den japanischen Wörtern Origami und Tatami, der traditionellen Matte, auf die der Futon zum Schlafen ausgebreitet wird, zusammen. Mit wenigen einfachen Handbewegungen wird die Grundmatratze je nach Bedarf in eine Chaiselongue, ein Sofa oder einen Sessel verwandelt. Die Struktur besteht aus Chromstahl, die Polsterung aus Polyurethanschaumstoff. Der Überzug hingegen ist aus Lycra, während die Kontakt- und Biegestellen besonders verstärkt wurden. Ori.Tami wird wie eine Luftmatratze eingerollt. Das geringe Volumen und Gewicht des Produktes ist ein weiterer bemerkenswerter Faktor hinsichtlich seiner Nachhaltigkeit.

Ori.Tami 是一个因为具有多种用途和功能，使设计变得"生态"的范例，即使其使用的是非可持续材料也一样。这个名字来源于两个日语词汇的组合，折纸手工 origami 和榻榻米 tatami（一种特有的、用于睡眠的日式床垫）。只需几个简单的动作，便可根据需要把这些基础小床垫变换成躺椅、长沙发或是扶手椅。它镀铬的钢结构上覆盖着聚氨酯泡沫垫和莱卡套面，在结构的可折叠处作了特别的加固。Ori.Tami 包装起来像个床垫，紧凑的尺寸增强了其在运输阶段的可持续特性。

www.campeggisrl.it

Giulio Manzoni for Campeggi (意大利)
2007

柔性系列
可延展家具模块
Extendable furniture modules
Ausziehbare Einrichtungsmodule

This line of indoor and outdoor furniture is part of the permanent collection of the MoMA in New York. The Soft modules—including dividing walls, chairs, lamps and multi-use modular blocks—are constantly being adapted to new and temporary solutions, thanks to their beehive structure. This is what makes the modules both strong and transformable. Sizes can also vary enormously. For example: the dividing wall can stretch as wide as 16 ft, yet when folded it reduces to 2". A magnet-hooking system, easy to apply when needed, was designed to fix the modules together. The Soft line is 100% recyclable and available in two mono-material versions: paper or synthetic fabric (polyethylene).

Diese Einrichtungselemente, die sowohl Innen wie Außen verwendet werden können, befinden sich in der permanenten Designausstellung des Museum of Modern Art in New York. Die Module Soft – darunter auch Trennwände, zusammenstellbare Blöcke für verschiedene Verwendungszwecke, Sitzplätze und Lampen – können sich an neue und temporäre Lösungen anpassen. Möglich ist dies dank der wabenförmigen Struktur, die diese Module robust und veränderbar macht. Die Maße können enorm variieren: die Trennwand kann bis zu 5 m Länge erreichen, aber im gefalteten Zustand nur noch 5 cm. Magnetverbindungen ermöglichen bei Bedarf das fächerähnliche Öffnen der Module. Die Produktreihe Soft ist zu 100% recycelbar und in zwei verschiedenen Versionen erhältlich: aus Papier oder Kunstfaser (Polyethylen).

这一系列室内外家具是纽约现代艺术博物馆（MoMA）永久收藏的一部分。柔性模块系列——包括隔墙、椅子、灯具和多用途的模块——得益于它们的蜂窝结构，所以可以不断地适应新的和临时的解决方案。这一特性使得模块既结实又可变换。模块的尺寸可以发生较大的变化，例如：隔墙可以延伸至5米，然而，当它折叠时可以减少到5厘米。各个模块之间由易于使用的磁铁挂钩系统进行固定。柔性系列产品是100%可回收再利用的，它可在两种单一材料中选择：纸或是混合纤维（聚乙烯）。

Todd MacAllen and Stephanie Forsythe for molo（加拿大）
2003

www.molodesign.com

96 淀粉椅

淀粉做的椅子
Chair made of starch
Stuhl aus Kartoffelstärke

Part-chair and part-sculpture, the explicitly-named Starch Chair belongs to the collection of English designer Max Lamb, who is known for his creations of hybrid handmade objects that hover somewhere between craftsmanship and industrial production processes. Made with the foam extracted from potato starch, not only is the chair completely biodegradable but also, in theory, edible. As it solidifies, the strings of starch create a rigid sculpture that can withstand considerable weight. It is up to the designer to establish its shape during the production phase. Rolling, overlapping and refolding the material creates an organic, linear form, producing furniture pieces that are at once eccentric and fully sustainable.

Der englische Designer Max Lamb, der für seine hybriden Entwürfe bekannt ist, schafft auch beim Starch Chair eine Verbindung zwischen Kunsthandwerk und industriellen Produktionsprozessen. Der Sessel Starch Chair wurde mit einem speziellen Schaum hergestellt, der durch Extrusionsverfahren aus Kartoffelstärke gewonnen wird. Bei diesem Verfahren verfestigen sich die Materialfäden und bilden eine starre Struktur, die auch größere Gewichte tragen kann. Der Schaum ist nicht nur vollkommen biologisch abbaubar, sondern theoretisch auch essbar. Während der Produktionsphase kann der Sessel jede beliebige Form annehmen: durch Aufrollen, Übereinanderlegen und Biegen der Kunststofffäden kann der Designer organische oder auch lineare Formen gestalten. So entstehen neue, exzentrische Ausstattungsgegenstände, die sich durch ihre Nachhaltigkeit auszeichnen.

www.maxlamb.org

可以说是椅子也可以说是雕塑，确切的叫法是淀粉椅（Starch Chair），它是英国设计师马克斯·兰姆（Max Lamb）的系列作品，马克斯·兰姆以创作结合手工艺和工业大生产的混合手工制品而闻名。因为淀粉椅是由从马铃薯淀粉中提取的泡沫制成，所以这种椅子不仅可完全被生物降解，而且在理论上还可以食用。当泡沫凝固时，淀粉带状物就成为坚硬的雕塑，可以承受相当大的重量。在生产过程中由设计者来决定椅子的形状。轧制、重叠和再折叠材料创建出一个有机的线状形式，这样生产出的家具立刻使人感到很不寻常，并且它完全是可持续的。

Max Lamb（英国）
2006
原型

100
Viking
家用组装扶手椅
Home-assembly armchair
Zerlegbarer Sessel

The Italian company Poltrona Frau has reconceived quality furniture by proposing a do-it-yourself version. The Viking chair is sold dismantled inside especially elegant packaging and its eight separate parts are easily assembled at home. Even the maintenance is simple. The structure is made of natural beechwood and the seat is covered in completely hand-sewn leather, a trademark of the brand. The padding was carefully researched to compliment the ergonomic design. The Viking chair shows how interior furnishings appeal increasingly to a wise and modern public that accepts new, more sustainable styles of selling and use, without renouncing quality materials.

Mit Viking hat das italienische Unternehmen Poltrona Frau die Idee hochwertiger Ausstattung neu definiert, indem es diese Objekte in einer Do-it-yourself-Version anbietet. Viking wird zerlegt und in einer besonders eleganten Schachtel verkauft. Die acht Teile, aus denen der Sessel besteht, können zu Hause problemlos zusammengesetzt werden. Der Sessel besteht aus Naturbuche und das Sitzkissen wurde mit handgenähtem Leder überzogen. Um dem ergonomischen Design gerecht zu werden, wurde das Futter sorgfältig ausgewählt. Viking ist ein gelungenes Beispiel für Designmöbel, die sich immer mehr an ein modernes und vor allem umweltbewusstes Publikum richten, das, ohne auf edle Materialien zu verzichten, offen ist für neue und nachhaltige Formen des Verkaufs und der Verwendung.

意大利 Poltrona Frau 公司已重新构思出倡导自己动手组装概念（DIY）的高品质家具。Viking 椅在售卖时被拆解装在一个考究的包装中，到家以后，它的独立的八个部分能很容易地被组装起来。甚至它的维护也很简单。它的结构是由天然的山毛榉木制成，座位完全是手工缝制的皮革，还有这个牌子的商标。垫子的设计进行了很仔细的研究以符合人本工学原理。Viking 椅展示了越来越多的室内家具如何吸引明智而现代的公众接受新的、更加可持续的销售和使用模式，同时并不放弃对高品质材料的追求。

Ricerca e Sviluppo Poltrona Frau
for Poltrona Frau (意大利)
1990

Bendant Lamp

用户决定的枝形吊灯
Customizable chandelier
Personalisierbarer Lampenschirm

There is perhaps no more intelligent expedient than transforming a product user into a co-designer. The subtle "petals" of this dynamic and lightweight chandelier made of recycled steel can be bent according to taste so that the fixture can take whatever shape the owner desires. What is more, its inclination can be changed as often as one likes, with a new game of light and shadow created each time. The chandelier is sustainable in each phase of its existence: from production—the steel is recycled directly in the production area, cut with a laser to greatly reduce waste and coated with eco-friendly paint—to transport—the packaging is two-dimensional so it takes up little space—to use—its transformable nature prolongs its life—and finally to disposal—the pieces are easily disassembled and ready to be recycled again.

Ein sicheres Mittel zum Erfolg ist es, den Käufer eines Produktes als Co-Designer einzuspannen. Bei diesem Leuchter aus recyceltem Stahl können die filigranen „Flügel" in jede gewünschte Form gebogen werden. Und dies nicht nur einmal, denn dieser dynamische und leichte Leuchtschirm kann beliebige Male neu geformt werden. Durch die jeweilige Neigung der Elemente können zudem immer neue Licht- und Schattenspiele geschaffen werden. Die Bendant Lamp ist ein hervorragendes Beispiel für die Prinzipien von Öko-Design: Bei der Produktion – der recycelte Stahl wird mit dem Laser geschnitten, wodurch das Abfallmaterial auf ein Minimum reduziert wird. Bei der Lackierung – es werden umweltverträgliche Farben verwendet. Beim Transport – die flache Verpackung ist äußerst Platz sparend. Bei der Verwendung – die vielfältigen Formmöglichkeiten verlängern seine Nutzungsdauer. Und schließlich bei der Entsorgung – die Teile sind sehr leicht zerlegbar und können recycelt werden.

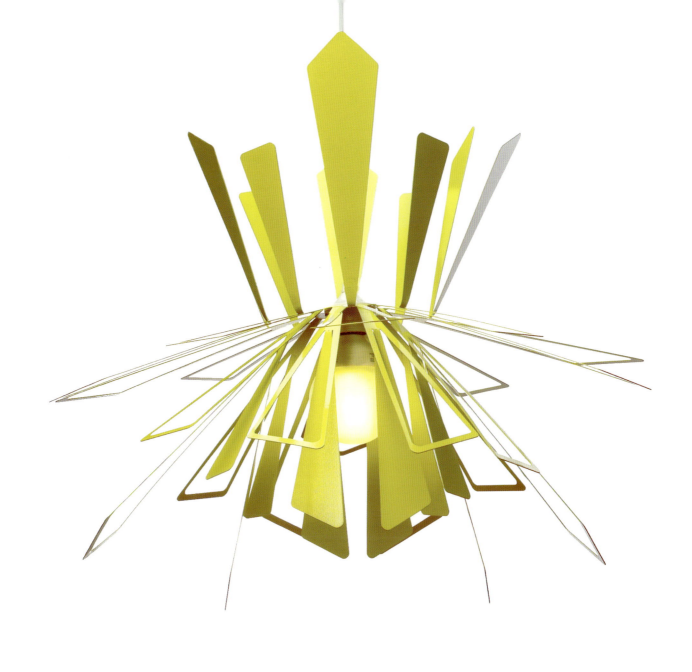

把产品的使用者变成合作设计者，或许没有比这个更具智慧的方法了。这个精致而有活力的轻质"花瓣"吊灯由可循环利用的钢制成，它可以根据顾客的品位随意弯曲成其想要的形状，并且，它可以随时变成顾客喜欢的其他形式，每一次的改变都是光与影的新游戏。该吊灯在它存在的每个阶段都是具有可持续性的：生产阶段——钢材在生产领域可直接被回收利用，用激光切割可以大大地减少浪费，所涂的油漆也是环保的；运输阶段——包装是二维平面的，所以它占用的空间很小；使用阶段——可变化的特性延长了它的使用寿命；最后是抛弃阶段——钢制的灯具很容易拆卸，然后准备投入循环再利用。

www.mioculture.com

Jaime Salm for MIO (美国)
2007

106
CORON

毛毡灯
Felt lamp
Filzlampe

The CORON is all about essentials. Made from just a few elements, this lamp has a dynamic and modern design. The lampshade is made from just one sheet of wool felt rolled up to form a cone and secured with a wooden button. When the light is turned on, it is diffused and tinted by the shade, with no need for special bulbs. The lamp requires no special maintenance, its parts are easily replaceable and the shade can even be washed.

Schlichtheit ist das Merkmal der Lampe CORON. Die nur aus wenigen Teilen bestehende Lampe zeichnet sich durch ihr dynamisches und modernes Design aus. Der Lampenschirm besteht aus nur einem Filzbogen, der zu einem Kegel geformt wird. Mit einem Holzknopf wird die Form fixiert. Das ausgestrahlte Licht ist gedämpft und wird durch die Farbe des Filzes leicht abgetönt, ohne dass besondere Glühbirnen benötigt werden. Der Lampenschirm erfordert keine besondere Pflege und ist zudem waschbar. Er ist in verschiedenen Farben erhältlich und kann leicht ausgewechselt werden.

CORON 灯包括了所有必要的元素。这盏仅仅由几个部件组成的灯是一个充满活力而现代的设计。灯罩仅仅由一层毛毡制成,毛毡卷起来形成一个圆锥筒体,以木制的纽扣加以固定。不需要特殊的灯泡,当灯打开时,透过灯罩散射出光线与色彩。这盏灯不需要特殊的维护,它的零件很容易被替换,灯罩甚至可以清洗。

www.mixko.co.uk

Nahoko Koyama for MIXKO (英国)
2005

纸篓
废纸篓
Waste basket
Papierkorb

www.regenesi.com

matali crasset for Regenesi (意大利)
2008

As the name of its line, o-Re-gami, suggests, this product was inspired by the world of objects created out of paper. It is made, however, of regenerated leather, a material that has had little to do with reuse and recycling until now. The waste basket is made of two elements, base and walls, which are held together without glue. Paper Basket takes the knowledge of folding and cutting paper from the Japanese tradition to create an object with an engaging design, even in the simplicity of its form. Its two-dimensional packaging is another aspect that contributes to the sustainability of the product.

Der Name der Produktreihe, o-Re-gami, verweist bereits auf die Inspirationsquelle für dieses Designobjekt: die bekannten Faltfiguren aus Papier. Als Material wurde regeneriertes Leder verwendet, das bisher bei der Wiederverwendung und beim Recycling wenig Beachtung fand. Der Papierkorb besteht aus einem Boden und einem Korb, die ohne Leim zusammengehalten werden. Paper Basket nutzt die aus der japanischen Tradition stammende Kunst des Papierfaltens und des Papierschnitts zur Produktion eines schlichten Gegenstands, der formschöne Linien aufweist. Auch die zweidimensionale Verpackung ist funktional und trägt zur Nachhaltigkeit des Produktes bei.

正如这一系列产品的名字那样，折纸手工品（o-Re-gami），表明该产品的灵感来源于用纸制成的物品。然而，实际上它是用再生皮革制成的，一种迄今为止和回收循环再利用无关的材料。废纸篓由两个基本部分组成：底座和外壁，两者的结合没有使用胶水。纸篓从日本传统的折纸、剪纸艺术中汲取元素，虽然形式简单，但极具吸引力。它的二维平面包装是另一个有助于产品可持续性的因素。

软碗
毛毡花瓶
Wool-felt vases
Filzvasen

SoftBowl is a line of containers and vases in wool felt made by one of Philadelphia's latest millinery shops. Benefits include their incredibly light weight and, most important, the fact that they can be composted. Each of the three models (Beehive, Wobowl and Swoop) is made entirely by hand with an attention to detail typical of handcrafted work. Because of this, and the natural materials used, SoftBowl production requires less than a tenth of the energy needed to make ceramic vases and containers.

SoftBowl ist ein Entwurf aus einem der modernsten Filz-Ateliers von Philadelphia und besteht aus einer Serie von Behältern und Blumentöpfen aus Filz. Sie sind nicht nur leicht, sondern vor allem kompostierbar. Jedes der drei verfügbaren Modelle (Beehive, Wobowl und Swoop) ist reine Handarbeit und wurde mit besonderer Liebe und Sorgfalt fürs Detail hergestellt. Der Einsatz von natürlichen Materialien und die Verarbeitung von Hand hat eine deutliche Reduzierung des Energiekonsums zur Folge. Die Herstellung von SoftBowl erfordert nämlich weniger als ein Zehntel der für die Herstellung von herkömmlichen Keramikvasen und -behältern nötigen Energie.

软碗是一系列由毛毡制成的容器和花瓶,它是费城一家新开的女帽店设计制作的。其具有令人难以置信的轻质等优点,最重要的是,它们还可以被摞起来使用。三种盛器(蜂窝形、双碗形、下落形)中的每一种都是完全手工制作的,是注重细节的手工工艺的典型代表。正因为如此,使用天然材料的软碗在制作过程中所需要的能量不到陶瓷花瓶容器的十分之一。

www.mioculture.com

Jaime Salm and Roger C. Allen for MIO (美国)
2007

114
FLAKE

织物模块
Fabric modules
Papierflocken

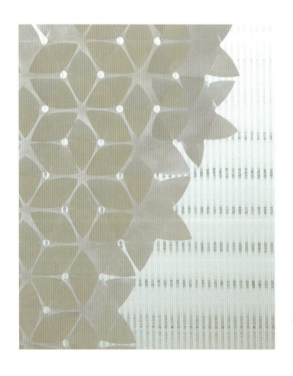

www.woodnotes.fi

Mia Cullin for Woodnotes Oy (芬兰)
2006

Finnish designer Mia Cullin came up with the idea of creating curtains, table cloths, place mats and three-dimensional structures out of small fabric modules shaped like snowflakes. Through slits at the base of each snowflake point, the modules attach together like origami creations so that shape, design and function change and adapt to the needs and creativity of the moment. A curtain, for example, can be divided into two parts to form a cover and a small mat. The modules are made of Tyvek, a flexible, rigid fabric that provides efficient insulation.

Die finnische Designerin Mia Cullin hatte die Idee, aus kleinen, flockenförmigen Stoffelementen Vorhänge, Tischdecken, Teppiche und dreidimensionale Strukturen zu entwerfen. Die einzelnen Elemente können an den Spitzen wie bei einem Origami beliebig zusammengesteckt werden. Form, Design und Funktion sind variabel und können an die jeweiligen Bedürfnisse angepasst werden. Der Kreativität sind keine Grenzen gesetzt: ein Vorhang kann z. B. in zwei Teile geteilt werden, um dann eine Decke oder einen Teppich zu bilden. Die Flexibilität der Module wird durch das verwendete Material Tyvek, einer papierfliesartigen Faser, erreicht. Dieses Material verfügt über eine hohe Festigkeit und Isolierfähigkeit.

芬兰设计师米亚·库林（Mia Cullin）提出，可以用小小的、形如雪花般的织物模块创作窗帘、桌布、餐具垫以及一些立体结构物品。通过位于每一片雪花瓣基部的裂缝，这些织物模块就像折纸手工创作那样互相连接在一起，因此它的形状、图案和功能就可以根据需要和创意而变化。比方说，一块窗帘，可以分解成两部分：一块盖布和一个小垫子。这些织物模块由Tyvek（杜邦公司优秀的无纺布产品，俗称"撕不烂"）制成，这种柔韧的、有硬度的织物同时还是一种高效的绝缘材料。

劈裂的竹子

天然衣帽架
Natural coat rack
Natürlicher Kleiderständer

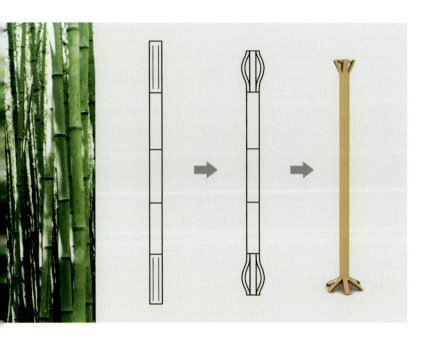

Not only is nature an inexhaustible fount of inspiration for design, but sometimes it can even become a piece of furniture. In the case of Split Bamboo, Jinhong Lin used bamboo reeds to create a coat rack, without changing the original shape. The formal and structural characteristics of this plant allow the reeds to be folded at both ends to form the hooks and the base. Indeed, if cut at a specific time during its growth, bamboo is particularly flexible and elastic. Split Bamboo shows how forms often exist in nature that, with a few adjustments, can fulfill the functions of everyday objects.

Die Natur ist nicht nur eine unerschöpfliche Quelle für Inspirationen, sie kann auch selbst zum Ausstattungsobjekt werden. Der Designer Jinhong Lin hat Split Bamboo, einen Kleiderständer aus Bambusrohr entwickelt, ohne dabei die natürliche Form des Rohrs zu verändern. Dank der Form und strukturellen Beschaffenheit können die beiden Rohrenden gebogen werden. Wenn Bambus in einer bestimmten Wachstumsphase geschnitten wird, weist er eine ausreichende Flexibilität und Elastizität dafür auf. Split Bamboo ist ein gutes Beispiel dafür, dass in der Natur vorkommende Formen mit kleinen Korrekturen die Funktionen vieler Alltagsgegenstände erfüllen können.

www.esign.lineoid.com

大自然不仅是设计灵感的不竭源泉，有时甚至它本身就可以成为一件家具。在"劈裂的竹子"这个设计中，林金红（音译）用芦竹制作出一个衣帽架，其间没有对天然材料做任何的改变。这种植物的外形和结构特点使其两端可以被弯折，形成衣帽架的挂钩和底座。事实上，如果在一个特定生长阶段将芦竹砍下，竹子会特别柔韧和富有弹性。"劈裂的竹子"告诉我们，形式是如何存在于自然中的，只需稍加改动，即可担负起日用品的功能。

Jinhong Lin for Tianjin Polytechnic University (中国)
2008
原型

118

Upon Floor
衣帽架
Coat racks
Garderobenständer

www.stefan-diez.com

Stefan Diez for Schönbuch (德国)
2006

Initially German designer Stefan Diez wanted to create a furnishing object out of wooden netting that could be flexible and multifunctional. The design included two versions, one for the ground and one for the wall. Several parts had to be laser-cut from a single piece of wood, with different thicknesses to create the curves. Out of this original idea, the designer developed the final project in sheet metal, which is more lightweight and versatile, and defined its function as a coat rack. The two versions of Upon Floor are produced in a single manufacturing plant with minimal variations in the production process, thereby considerably reducing the environmental impact.

Die ursprüngliche Idee des deutschen Designers Stefan Diez war die Herstellung eines Austattungsobjektes bestehend aus einem Holzgitter. Es sollte flexibel sein und gleichzeitig verschiedene Funktionen erfüllen. Das Projekt sah zwei Versionen vor: eine Ausführung für die Aufstellung am Boden, während eine zweite für die Wand bestimmt war. Aus einem einzigen Stück Holz sollten mit dem Laser mehrere Elemente in verschiedenen Dichten ausgeschnitten werden, um eine Biegung des Materials zu ermöglichen. Aus dieser ersten Idee entwickelte der Designer das Endprodukt aus Metall. Die Leichtigkeit und Vielseitigkeit des Materials ermöglicht unterschiedliche Verwendungen, wie beispielsweise als Wandgarderobe oder Garderobenständer. Beide Ausführungen von Upon Floor werden in einer Produktionsanlage hergestellt, so dass nur minimale Variationen im Verarbeitungsprozess erfolgen. Dadurch können die Umweltbelastungen deutlich vermindert werden.

起初，德国设计师斯特凡·迪茨（Stefan Diez）想用木质网状结构设计一件灵活而多功能的家具。该设计包括两种版本，一种是放在地上的；另一种是挂在墙上的。有些部件需要采用激光从一整块木头上切下不同厚度的材料来创建出曲线造型。出于最初的这种想法，设计师在最终的方案中使用了金属薄片，这种材料重量更轻、通用性更好，最终确定该设计产品为一款衣帽架。Upon Floor产品的两种版本由同一家工厂生产，在生产过程中只需做出很小的改变就可以生产出不同的版本，这样大大减少了其对环境的影响。

120
Fontanella

喷头
Fountain
Brunnen

Designer Massimo Gattel developed the idea for this fountain by starting with a question: can the problem of water shortage be addressed by changing how a faucet works? The answer won third prize at the Mini Design Award 2008, whose theme was "Adding value to water." This unusual faucet is opened by turning the two parts of the metal pipe in opposite directions, like squeezing water from a piece of cloth. The pipe returns to its initial position after only seven seconds, while the waste water runs down along the sides of the stone. Like a little monument to water, Fontanella reminds us that this precious resource is not infinite and implores us in a symbolic way not to "squeeze it out to the last drop."

Bei der Herstellung dieses Brunnens ging der Designer Massimo Gattel von einer zentralen Frage aus: ist es möglich, auf das Problem der Wasserknappheit aufmerksam zu machen, indem man die Funktionsweise eines Wasserhahns verändert? Die Antwort brachte ihm den dritten Preis beim Mini Design Award 2008 mit dem Thema „Dem Wasser Bedeutung geben". Um diesen ungewöhnlichen Wasserhahn zu öffnen, genügt es, die beiden Metallrohre in entgegengesetzter Richtung zu drehen, wie bei einem Tuch, das man auswringt. Die Rohre kehren nach nur sieben Sekunden in ihre ursprüngliche Position zurück, während das Restwasser am Stein hinunter läuft. Wie ein kleines Wasserdenkmal erinnert Fontanella daran, dass diese wertvolle Ressource nicht unendlich ist. So fordert der Brunnen auf symbolische Weise dazu auf, das kostbare Gut nicht „bis auf den letzten Tropfen auszuwringen".

设计师马西莫·加泰尔（Massimo Gattel）产生设计这个喷头的想法是从一个疑问开始的，那就是：缺水的问题能通过改变水龙头的工作方式来解决吗？对这一问题的解答赢得了 2008 年度的迷你设计（Mini Design Award）三等奖，其主题是"增加水的价值"。要想打开这个不同寻常的水龙头需要向相反的方向旋转金属管的两个部分，如同从一块布中挤出水那样。仅仅 7 秒后管子就返回到它最初的位置，而废水沿着石头的两边流走。就像一个小小的水的纪念碑，Fontanella 喷头提醒我们这宝贵的资源不是无限的，用象征的手法恳求我们，不要"挤出它的最后一滴"。

www.massimogattel.it

Massimo Gattel for Mini Design Award 2008 (意大利)
2008
原型

122

模块化鸟窝
鸟的寓所
Abodes for birds
Vogelhäuschen

Known mainly for their modular architecture projects, 4 ARCHITECTURE entered the world of product design with an exceptionally small "urban" project. These modular birdhouses with their pleasing tear-drop shapes are produced by rapid prototyping through three-dimensional printing. This facilitates production in one transfer, without relying on hot soldering and more complicated assembly processes. Not only is the manufacturing faster this way, but energy consumption and material waste are notably reduced. The architects also thought
of the needs of the winged community: the single modules can be aggregated to host more birds by taking their dimensions into account, since the size of the houses is decided by the buyer.

Die Gruppe 4 ARCHITECTURE ist hauptsächlich bekannt für ihre Projekte im Bereich der modularen Architektur. Ihre Premiere im Produktdesign feierten sie mit einem außerordentlich kleinen „urbanen" Projekt. Diese modularen Vogelhäuschen in Tropfenform wurden im so genannten Rapid Prototyping Verfahren mittels 3D-Druck hergestellt. Dieses Verfahren erfolgt in einem einzigen Durchlauf und erfordert keine aufwendigen Zusammensetzungsprozesse. Die Bearbeitung ist effizient und der Energieverbrauch sowie die Materialabfälle werden bedeutend verringert. Die Architekten haben auch an die Bedürfnisse der fliegenden Besucher gedacht: die einzelnen Module können zusammen aufgehängt werden und bieten so Unterschlupf für mehrere Vögel. Die Größe der Vogelhäuschen kann vom Käufer festgelegt werden.

以模块化建筑工程而闻名的四位建筑师因为一个特殊的小型"城市"项目进入产品设计的领域中来。这些令人喜爱的泪珠形模块化鸟窝是通过立体打印术而快速成型的。这种技术使得产品一次成形，不需要经过热焊，也不需要更复杂的装配过程。使用这种方法不仅生产快速，而且能源消耗和材料浪费也显著减少。建筑师同时也想到了整个鸟类社区的需要：单个的鸟窝模块可以集合在一起供给更多的鸟儿们居住，但一定得考虑寓所的尺寸，因为房子的大小从来都是由买主决定的。

www.re4a.com

Paul Coughlin, Joseph Tanney and Robert Luntz for RESOLUTION: 4 ARCHITECTURE (美国)
2006

124
Loco

长椅
Bench
Sitzbank

www.allplus.eu

Ivan Palmini for ALL+ (圣马力诺共和国)
2007

Loco is a seating system with interchangeable parts that can be used to create a variety of solutions in both public and private spaces. The anodized aluminum structure facilitates the use of various materials for the seat and the back rest. Wood, leather, rubber and laminate offer a wide range of possibilities to adapt this bench to the surrounding environment and the desired use. Thanks to the bench's linear, mono-material structure, the company needs only one chain of production and assembly, thereby reducing the environmental impact of this phase. Since it can also be disassembled, Loco is easy to recycle.

Loco ist eine Sitzbank mit austauschbaren Elementen, wodurch sich vielfältige Variationen zur Gestaltung von öffentlichen Anlagen oder Innenräumen ergeben. Die Struktur aus eloxiertem Aluminium ermöglicht einen einfachen Austausch des Materials für die Sitzfläche und die Rückenlehne: Holz, Leder, Gummi, Laminat und Aluminium bieten viele verschiedene Möglichkeiten, um diese Bank an ihre Umgebung und den jeweiligen Zweck anzupassen. Dank der linearen und monomateriellen Struktur wird nur ein einziger Produktions- und Montageweg benötigt, wodurch sich die Umweltauswirkungen bereits in der Herstellungsphase verringern. Da die Bank auch zerlegt werden kann, wird das Recycling der Loco ebenfalls erleichtert.

Loco 是一个可互换部件的座椅系统，不论是在公共场合还是在私人空间，它都可以创造出相应的解决方案加以使用。阳极氧化铝结构支座便捷了各种座位和靠背材料的使用。木材、皮革、橡胶和层压板提供了更广泛的可能性，使长椅能更好地适应周围的环境和预期的用途。由于这种长椅线性的、单一材料的结构，公司只需要一条生产和装配线即可组织生产，因此降低了这个阶段对环境的影响。由于它是可拆卸的，所以 Loco 很容易再次循环利用。

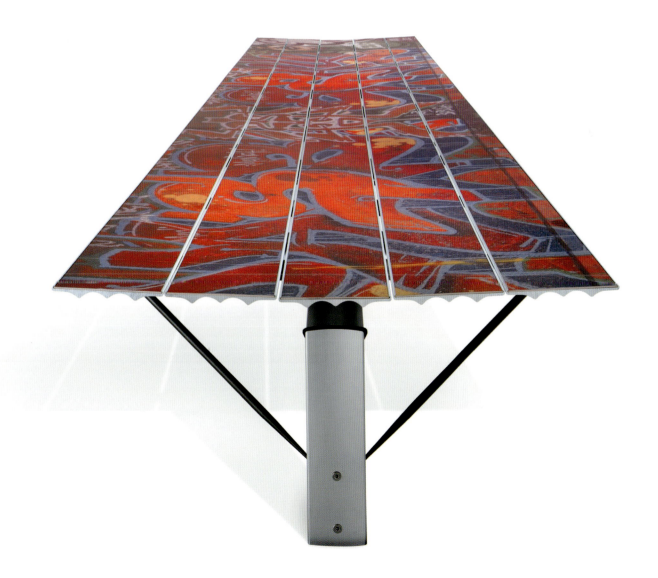

照明与能源

Light & energy
Licht & Energie

简介
Introduction
Einleitung

Over the centuries and the course of our socio-productive evolution, the words "light" and "energy" have acquired fundamental roles in everyday life, both for the production of goods and for social relationships. The growing need for energy has had two enormously important consequences: the increase in supply from non-renewable sources and the consequent aggravation of environmental conditions. In recent years, states and international bodies have started working together to stop the abuse of resources with laws, decrees and protocols. Two of the main objectives have been the reduction of CO_2 emissions and the spread of alternative energy sources.

The present selection is subdivided into five types: lighting, energy-saving systems, chargers, computers and their accessories, and telecommunications. The intention is to show that even small changes can contribute to the protection of resources and the environment. But it is not enough for single countries to promote and guarantee that protection. To be guided toward sustainable choices at the moment of purchase, ecological consciousness must first come from the individuals themselves.

Im Laufe der Jahrhunderte und im Zuge der gesellschaftlichen und produktiven Entwicklung haben „Licht" und „Energie" eine immer bedeutendere Rolle eingenommen. Die ständig wachsende Nachfrage nach Energie hat jedoch zwei gravierende Folgen: einen höheren Verbrauch von nicht erneuerbaren Energiequellen und die damit verbundene Umweltverschmutzung. Die Zusammenarbeit mehrerer Staaten und internationaler Organisationen führte in den letzten Jahren zu zahlreichen Gesetzen, Verordnungen und Protokollen mit dem Ziel, CO_2-Emissionen zu reduzieren und alternative Energien zu fördern.

Die ausgewählten Typologien Beleuchtung, Energiesparsysteme, Ladegeräte, Computer und Zubehör sowie Fernsprechtechnik sollen aufzeigen, dass bereits kleine Änderungen einen wertvollen Beitrag zur Schonung der Ressourcen und zum Umweltschutz leisten können. Dass einzelne Länder mit verschiedenen Maßnahmen das ökologische Bewusstsein fördern, ist jedoch nicht genug. Eine umweltbewusste Lebensweise muss in jedem einzelnen Menschen selbst entstehen.

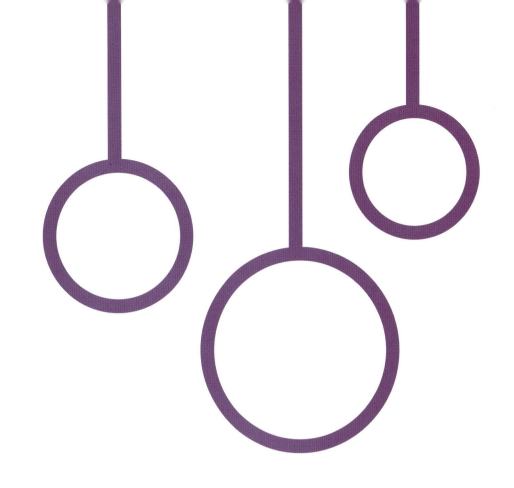

　　几个世纪以来,在富有创造性的社会生产发展进程中,"光"和"能量"这些词作为社会关系及商品的产物,在我们的日常生活中扮演着重要角色。对能源需求的日益增加会导致两种非常重要的后果:即不可再生资源必须不断增加供应量和随之而来的环境恶化。近年来,各国和国际组织已联手,开始颁布法律、法令和起草协议意图制止资源的滥用。其中两个主要措施就是减少二氧化碳的排放量和大力推广可替代能源。

　　本章所选择的产品主要分为五种类型:灯具、节能系统、充电器、电脑及其附件还有远程通信,目的是为了告诉人们只要一点点改变就可以保护资源和环境。但是仅仅依靠官方力量推动资源和环境的保护还不够,还应引导人们在购买商品的时候做出更有利于环境的选择,保护生态环境的意识首先必须来自于每一个个人。

132

能源桶
桶式灯
Bucket light
Leuchtender Eimer

Buckets have long been used solely to collect water, but now the Energy Bucket proves they can also serve to accumulate solar energy. For this unusual lamp, Italian designer Stefano Merlo came up with a solar-paneled lid that recharges the 1-kW LED bulbs inside the plastic bucket. This lighting system can be used both indoors and outdoors, since it can be moved easily and does not require an electrical outlet.

Früher dienten Eimer dazu, Wasser zu holen. Heute können sie anscheinend noch ganz andere Funktionen erfüllen, wie beispielsweise durch die Nutzung von Sonnenenergie Licht abgeben, wie beim Energy Bucket. Für diese ungewöhnliche Lampe hat der italienische Designer Stefano Merlo auf dem Eimerdeckel Solarzellen angebracht, die die 1-kW-LEDs im Inneren des Plastikeimers tagsüber aufladen. Das innovative Beleuchtungssystem kann überall eingesetzt werden, wo Licht benötigt wird. Ob drinnen oder draußen, um den Eimer einzuschalten, ist nicht einmal eine Steckdose erforderlich.

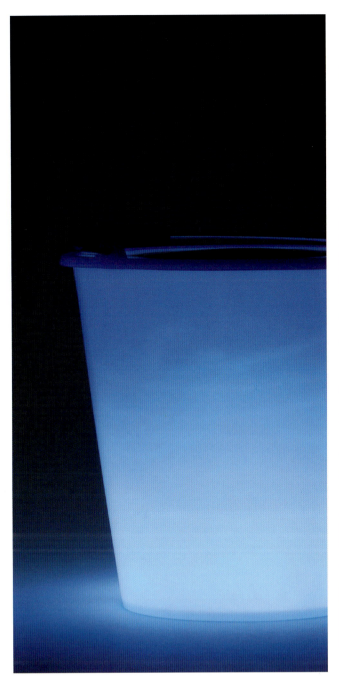

水桶一直以来只用来装水，但是现在"能源桶"证明了它们也可以用于收集太阳能。这种不同寻常的灯由意大利设计师斯蒂凡诺·梅洛（Stafano Merlo）设计，他利用太阳能板给塑料桶里的1000瓦的LED灯充电。由于这款灯具方便移动且不需要插座，所以户内户外皆可使用。

www.stefanomerlo.com

Stefano Merlo (意大利)
2007
原型

134

风之光
风能式路灯
Wind-energy street lamp
Wind-Licht

www.demakersvan.com

Judith de Graauw for Demakersvan (荷兰)
2006

From wind comes light. Inspired by the irrepressible wind mills of its homeland, Dutch company Demakersvan developed Light Wind, the first street lamp for private use powered by wind energy. Its large size hints at its functioning: the 6.5-ft-long blades that top the luminaire capture even the slightest motion of air, using a dynamo to transform it into light. The energy obtained is stored in a battery that can turn the lamp on when needed. Light Wind is made of wood, steel and fabric and can be used in any climatic condition, though will certainly achieve the best results in countries like the Netherlands where there is always plenty of wind.

Die niederländische Firma Demakersvan ließ sich von den in ihrem Heimatland typischen Windmühlen inspirieren und entwickelte Light Wind, die erste Lampe für den Außenbereich, die allein durch Windenergie angetrieben wird. Die 2 m langen, auf dem Beleuchtungskörper angebrachten Propellerblätter fangen jede kleinste Windbewegung auf und verwandeln sie über einen Dynamo in Licht. Die so gewonnene Energie wird in einer Batterie gespeichert, um anschließend die Laterne direkt oder nur wenn nötig einzuschalten. Light Wind besteht aus Holz, Stahl und Stoff und kann bei jedem Wetter eingesetzt werden. Die besten Ergebnisse werden allerdings in Ländern wie den Niederlanden erzielt, in denen es selten an Wind fehlt.

　　光可以从风中来！荷兰的 Demakersvan 设计公司研发了这款风能式路灯，灵感来自于故乡那不停转动的风车，这是风能首次在路灯系统中的独立应用。巨大的尺度喻示了它的功能：2米长的叶片装在灯具的顶部，它甚至可以捕捉到空气最轻微的流动，并通过发电机将其转换成光能。得到的能量可以被存储在电池中，在需要的时候把灯点亮。风能式路灯的材料包括木材、钢铁和某种纤维，可在任何气候下使用。当然如果能在荷兰那样总是刮风的国家使用，此产品将会实现最佳的使用效果。

Mix

桌面或墙面灯
Desk/wall lamp
Tisch-/Wandleuchte

The type of light source and the easy disassembly of the components have earned this flexible aluminum lamp the prestigious prizes of both Light of the Future and Design Plus Frankfurt in 2006. Its base, in the desk version, and its support, in the wall version, are made of enameled folded sheet metal. The low energy consumption of the chip-on-board LEDs (5W) creates a pleasant light, but more importantly one that has considerable endurance. While a normal halogen bulb offers 2,000 hours of light on average, Mix reaches 50,000 hours. The lamp's head was optimized to facilitate the disassembly of its parts: the LEDs, the lens that channels light flow, the electrical circuit, the heat dissipater and the rotating filter, which regulates the color temperature, to adapt the light according to need. The Mix lamp can also be easily identified in the dark since its profile glows blue when it is turned off.

Die besondere Lichtquelle und die Einfachheit, mit der diese Lampe aus flexiblem Aluminium in ihre Einzelteile zerlegt werden kann, brachten ihr 2006 renommierte Auszeichnungen wie Light of the Future und Design Plus Frankfurt ein. Der Lampenfuß bei der Tischversion und die Halterung bei der Wandversion sind aus gebogenem, emailliertem Blech. Die Leuchtdioden-Technologie *Chip-on-Board* liefert ein angenehmes Licht bei einem niedrigem Stromverbrauch von nur fünf Watt. Am meisten beeindruckt jedoch die Lebensdauer. Während eine normale Halogenlampe im Durchschnitt 2000 Stunden Licht liefert, erreicht Mix 50 000 Stunden. Der Leuchtenkopf wurde optimiert und ermöglicht die einfache Zerlegung der Einzelteile: die Leuchtdioden, die Linse, die den Lichtfluss ausrichtet, der Stromkreis, der Kühlkörper und der Drehfilter, wodurch das Licht an die jeweiligen Bedürfnisse angepasst werden kann. Wegen ihrer blau leuchtenden Umrisslinie ist die Lampe Mix auch im Dunklen leicht zu finden.

这种灵活的铝制灯凭借其光的来源和零部件易于拆解等优点在 2006 年的"未来之光"以及在法兰克福举行的 Design Plus 设计大赛中受到重视赢得了声望。灯具放在桌面使用时的基座，和固定在墙面使用时的支撑部分是上釉的折叠金属薄板，低能耗的 LED（5 瓦）灯泡产生适宜舒服的光线。更重要的是其超强的耐用性：普通的卤素灯泡平均可使用 2000 小时，而 Mix 灯可使用 5000 小时。灯具顶部的设计使其可方便地分拆为 LED 灯、控制光线方向的镜片、电路、散热装置和旋转过滤器。Mix 还可以根据需求来调节色温。当灯关上的时候，它的侧面发出淡淡的蓝色的光，因此 Mix 在黑暗中也易于辨认。

www.luceplan.com

Alberto Meda, Paolo Rizzatto for Luceplan (意大利)
2005

Parans SP2

自然光系统
Natural lighting system
Innenbeleuchtung mit natürlichem Tageslicht

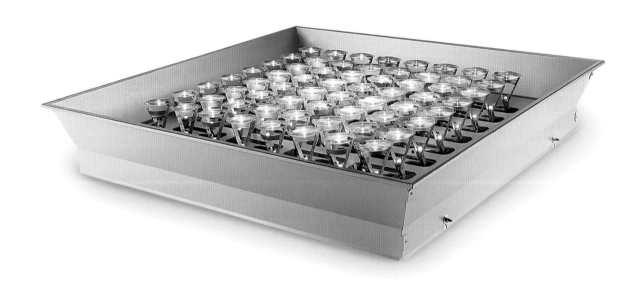

Parans is an indoor lighting system powered by solar energy. Panels are placed outside a building to capture sunlight, which is "transported," via a system of mobile reflectors, to indoor light fixtures that are specially designed with thin, flexible fiber optics. A micro computer that automatically moves the reflectors throughout the day guarantees a maximum use of light. The system is thus extremely efficient, because it increases the amount of light that can be transported from a distance, in addition to allowing buildings with few windows to enjoy natural light. Because of its innovative and sustainable design, Parans was counted by the WWF as one of the best companies in Sweden for addressing climatic and environmental issues in 2008.

Parans ist ein Innenbeleuchtungssystem, das Sonnenlicht nutzt. Die Sonnenstrahlen werden nicht in Energie umgewandelt, sondern direkt über ein faseroptisches Kabel weitergeleitet. Sonnenlichtkollektoren an der Außenseite eines Gebäudes fangen das Sonnenlicht ein. Dieses wird von speziellen Linsen gebündelt und über flexible, dünne Lichtleiterkabel zu den für dieses Projekt entworfenen Deckenleuchten geleitet. Ein Mikrocomputer garantiert die maximale Nutzung des Lichts und verstellt die Linsen automatisch, so dass sie immer direkt zur Sonne ausgerichtet sind. Das Parans-System gewährleistet eine gute optische Effizienz, d.h. eine hohe Menge an befördertem Licht. So ist es möglich, auch in Räumen mit wenig Licht eine natürliche Beleuchtung zu genießen. Dank des innovativen Projekts wurde der schwedische Hersteller 2008 vom WWF zu den Unternehmen gezählt, die sich beispielhaft mit Klima- und Umweltfragen beschäftigen.

Parans 是由太阳能供电的室内照明系统。反射板可以置于室外以获得太阳光,通过一系列反射器传输后到达室内的固定照明装置,这种装置是经过特殊设计的纤薄灵活的光纤板。由微处理器控制反射板的移动,从而保证全天实现对阳光的最大化利用。这个系统之所以如此有效,是因为它除了能利用从建筑的窗户照射进来的自然光外,还能够将在户外获取的自然光从远距离传输进来。凭此创新和可持续的设计,Parans 系统得到世界自然基金会的认可,Parans 也被认为是 2008 年瑞典处理气候和环境问题最好的公司之一。

Bengt Steneby for Parans Solar Lighting AB
(瑞典)
2007

140
Sky
光伏路灯
Photovoltaic street lamp
Solarzellen-Lampe

www.luceplan.com

Alfredo Häberli for Luceplan (意大利)
2007

Sky is an alternative-energy street lamp that was conceived by Alfredo Häberli, a designer who is particularly committed to researching highly technological sustainable solutions. Sky employs the latest generation of photovoltaic cells adapted for external use. The cells are gathered in the upper part of the lamp, or the area most exposed to solar radiation. They are charged all day and light up automatically at nightfall. This versatile system provides for three versions, two for the ground and one for the wall, all available with LEDs and rechargeable batteries, i.e. without the use of electrical cords or power. Even the careful choice of materials —aluminum for the structure and polycarbonate for the luminaire— demonstrates the designer's awareness of environmental issues.

Sky ist eine Outdoor-Leuchte, die mit Alternativenergie gespeist wird. Sie wurde von dem Designer Alfredo Häberli konzipiert, der sich intensiv mit hochtechnologischen und nachhaltigen Lösungen beschäftigt. Sky enthält modernste Fotovoltaikzellen, die für die Verwendung im Freien geeignet sind. Die Solarzellen sind auf der gesamten Oberfläche der Lampe angebracht. Tagsüber wird Sonnenenergie gespeichert, die bei Einbruch der Dunkelheit als intensive Beleuchtung abgegeben wird. Dieses vielseitige System ist sowohl als Standleuchte oder als Wandleuchte verfügbar. Beide Ausführungen können in der LED-Version mit wieder aufladbaren Batterien ohne elektrische Kabel, oder aber mit elektronischer Stromversorgung geliefert werden. Auch die sorgfältig ausgewählten Materialien – Aluminium für die Struktur und Polykarbonat für die Leuchtkörper – zeugen von der Sensibilität des Designers für Fragen des Umweltschutzes.

Sky是一种利用非传统能源的路灯系统，由阿尔弗雷多·哈伯利（Alfredo Haberli）设计，他是一名致力于探究利用高科技解决可持续发展问题的设计师。Sky采用了最新一代的太阳能电池。太阳能电池板安装在灯的上部，或是最容易接受到太阳光照的区域。白天全天都处于蓄电状态，到了晚上则自动点亮。这种多功能系统提供了三种版本可供选择，两种用于地面照明，一种用于墙面照明，都是使用的LED灯和可充电电池。系统网络不需要再另外使用电源或电线，甚至制造的材料都经过仔细选择，铝制构造和聚碳酸酯的灯具，都体现了设计师的环保意识。

太阳能路灯

路灯照明系统
Street lighting system
Solar-Straßenbeleuchtung

For a city infrastructure that has become an increasing burden in terms of consumption, Serbian designer Nicola Knezevic designed a solar-energy street lighting system that is coordinated digitally. Energy is amassed during the day by a solar panel and a MoSESS system (Multi-Modal Sensor Systems for Environmental Exploration). The real innovation, however, is its use of a wireless computer network. The system channels excess energy to points that need it, since the street lamps are connected to the general electrical network. This technology therefore facilitates the flexible use of energy and provides for its application beyond the exclusive domain of street lighting.

Für städtische Behörden mit steigenden Energieverbrauch hat der serbische Designer Nicola Knezevic ein solarbetriebenes Straßenbeleuchtungssystem entwickelt, das digital gesteuert und koordiniert wird. Während des Tages wird die Energie über Sonnenkollektoren und dem so genannten MoSESS-System (Multi-Modal Sensor Systems for Environmental Exploration) gespeichert. Die echte Innovation liegt aber in einer speziellen Energiespartechnologie. Mittels unterirdischer Kabelverbindungen kann das System die überschüssige Energie, die beispielsweise die Lampen produzieren, an Orte senden, an denen Bedarf besteht. Diese Technologie erlaubt also Flexibilität in der Nutzung der Sonnenenergie, die somit nicht nur für die Straßenbeleuchtung, sondern auch für andere Zwecke verwendet werden kann.

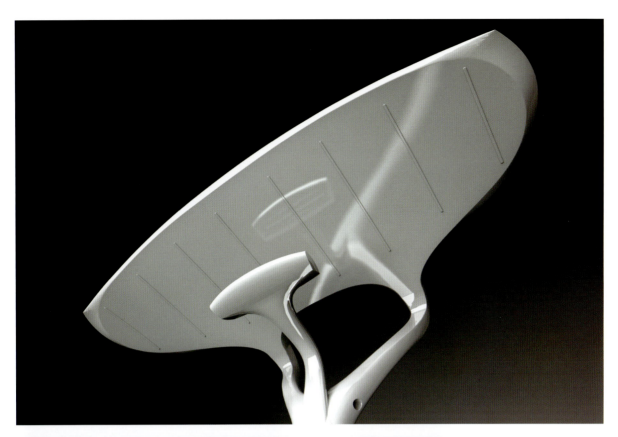

城市的基础设施因为能源消耗而变成了持续增长的负担，针对这个问题，塞尔维亚设计师尼古拉·克内热维奇（Nicola Knezevic）设计了数字化太阳能路灯照明系统。白天太阳能板和MoSESS（环境勘探多模态传感系统）系统能够收集能量。这一系统真正的创新是计算机无线网络的使用：路灯系统与普通电网连在一起使用，这一系统可将多余电量输送到最需要的地方。这项技术有利于能量的灵活运用，其意义已经超越了路灯照明领域。

www.nikoladesign.com

Nikola Knezevic for Nikoladesign (塞尔维亚)
2003

X系统
照明模块
Lighting modules
Beleuchtungsmodule

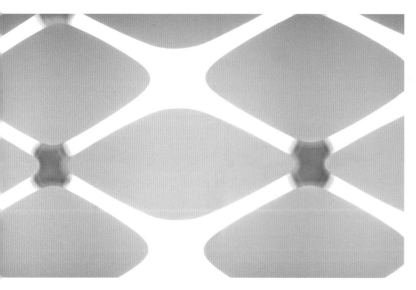

systemX is a flexible lighting system that can be transformed according to the dimensions of a space, just like the inherent nature of light. The base modules can be used to create different shapes, vertically or horizontally, thereby adapting to the needs of the environment. The innovative aspect of the lighting modules goes beyond simply their visual impact, which is strongly sculptural. Particular attention has also been paid to the visual and installation needs of the product by ensuring that systemX can be used with fluorescent bulbs, both for warm and cool light.

systemX ist ein flexibles Beleuchtungssystem, das sich wie Licht dem Raum und seinen Dimensionen anpassen kann. Die Basis-Module des Systems erlauben die Bildung neuer Formen, die sich senkrecht oder waagerecht ausbreiten. Das Design ist innovativ und entfaltet mit seiner Gitterstruktur nicht nur eine besondere visuelle Wirkung, sondern hat auch einen skulpturalen Charakter. Bei der Entwicklung von systemX wurden auch visuelle und technische Anforderungen beachtet, so können Leuchtstoffröhren sowohl für Warm- als auch für Kaltlicht verwendet werden.

X系统是一种灵活的照明系统，它可以根据空间的尺度进行调整，就像自然光照明一样。X系统的基础模块被设计成垂直或水平的不同形状，可适应环境的需要。这种照明模块的创新点不仅仅在于其极具雕塑感的外形，设计师在灯具的安装和视觉显色方面倾注了同样的心血——该系统使用的是荧光灯泡，有冷、暖两色可供选择。

www.yamagiwa-lighting.com

Ross Lovegrove for Yamagiwa（日本）
2005

Zeno

组合照明系统
Combined lighting system
Beleuchtungssystem

Zeno is a suspended or ceiling lighting system that optimizes consumption through the intelligent use of both solar and artificial light. The solar light is conducted along fiber optics inside the lamp, which contains two sources of artificial light: one direct and fluorescent, the other indirect and halogen. When meteorological variations or normal alternations between day and night require it, the solar light is integrated by the other two lights. A frosted-glass refracting lens is positioned at the center of the large, visually impressive disk in which the light sources are housed. The concentrated light reflected by the lens improves the chromatic output and the intensity of the light according to the strength desired.

Zeno ist ein Beleuchtungssystem, bei dem auf intelligente Weise Sonnenlicht in Verbindung mit Kunstlicht eingesetzt und der Energieverbrauch optimiert wird. Ein außen am Gebäude installierter Lichtsammler speist das Tageslicht in Glasfaserkabel ein und leitet es zu der innovativen Pendelleuchte weiter. Im Inneren der Lampe befinden sich zwei künstliche Lichtquellen, eine direkt einstrahlende Leuchtstoffröhre und eine indirekt einstrahlende Halogenlampe. Wenn sich durch bestimmte Wetterbedingungen oder beim Übergang von Tag zu Nacht die Lichtverhältnisse verändern, wird das Sonnenlicht durch die anderen beiden Lichtquellen ergänzt. Im Zentrum der Scheibe, in der sich drei verschiedene Lichtquellen befinden, wurde eine Reflektionsfläche aus sandgestrahltem Glas installiert. Dank des konzentriert zurückgestrahlten Lichts kann die Farb- und Lichtintensität je nach gewünschter Leistung eingestellt werden.

Zeno 是一种悬挂式或吸顶式照明系统，它能够智能化地运用太阳能与人造光源从而最大限度地降低能源消耗。太阳光能通过光纤传导进入灯的内部，灯具包含两种人造光源：一种是荧光灯的直射光源，另一种是卤素灯的间接光源。当天气变化或者黑夜白天交替时，太阳能的光被融合在这两种光源中。光源被容纳在一个大的圆盘中，磨砂材质的折射镜置于圆盘中心处，视觉效果令人印象深刻。集束的光经过镜片反射，光的色度和强度都得到改善。

www.elementi.luceplan.com

Diego Rossi and Raffaele Tedesco
for Elementi di Luceplan (意大利)
2004

150
GROW.2
高效能源墙面材料
Energy-efficient wall covering
Energiesparende Hausverkleidung

Still in the prototype phase, GROW.2 is the evolution of a design exhibited at the MoMA: a covering for external walls that accumulates both solar and wind energy. Its form is inspired by nature, with flexible photovoltaic panels arranged across the surface to appear, and move in the wind, like leaves of ivy. The movement thus produced is captured and transformed into energy. The panels are made of 100% recycled polyethylene and the photovoltaic cells can be recycled. Thanks to their flexible modular structure, the panels adapt to all types of buildings and are easy to replace. In fact, each "leaf" can be removed if it fails to work, without interrupting the functioning of the entire system.

GROW.2 ist die Fortsetzung eines am Museum of Modern Art ausgestellten Projektes. Bei diesem Prototypen handelt es sich um eine Fassadenverkleidung zur Nutzung von Solar- und Windenergie. Die Form dieser flexiblen Fotovoltaikpaneele wurde von der Natur inspiriert. Sie werden wie Efeublätter ausgerichtet und bewegen sich im Wind. Die dadurch entstehende Bewegung wird in Energie umgewandelt. Die Paneele bestehen aus 100% Recycling-Polyethylen, während die fotovoltaischen Zellen wieder verwertbar sind. GROW.2 kann an jede Gebäudeform angepasst werden und ist leicht austauschbar. Bei Beschädigung wird das einzelne „Blatt" entfernt, ohne dass der Betrieb des ganzen Systems unterbrochen werden muss.

尽管仍在原型阶段，GROW.2 已经作为创新设计在 MoMA 中展出了：它是一种能够收集太阳能和风能的外墙覆盖物。它的灵感来自自然，灵活的光伏板排布在墙体表面，随风摆动，好像常春藤的叶子，叶片的摆动被转化为能量。控制板的材料由百分之百可回收的聚乙烯电池和光伏电池组成。得益于其灵活的模块化构造，控制板适合各种建筑并且更新方便。如果运转出现问题，每片"叶子"都可以移除，而不影响整个系统的运行。

www.solarivy.com

Samuel Cabot Cochran for Sustainably Minded Interactive Technology, LLC (美国)
2008
原型

River Glow

水质监测系统
Water monitoring system
Wasserüberwachungssystem

A mechanism with an impressive visual impact was designed to create this water monitoring system. Pollution detectors are immersed in water and connected to floating LEDs that, according to whether or not the water is over pollution limits, activate a red or green light that colors the surrounding water. The LEDs, which use low-tech sensors that consume very little energy, are powered by flexible, thin-film photovoltaic modules that capture solar energy during the day and keep River Glow on for about five hours at night. This creative device therefore transmits a simple, direct message to the whole population, not just the technicians who work in the field.

Für die Kontrolle der Wasserverschmutzung wurde ein optisches System entwickelt, bei dem die Schadstoffsensoren unter Wasser liegen und mit schwimmenden LEDs verbunden sind. Je nach Schadstoffgehalt im Wasser leuchten diese LEDs bei Dunkelheit rot bzw. grün auf und färben das Wasser in ihrem Umkreis in der entsprechenden Farbe ein. In den LEDs befinden sich Low-Tech-Sensoren mit einem niedrigen Stromverbrauch. Betrieben werden die LEDs über eine dünne und flexible fotovoltaische Folie, die tagsüber die Sonnenenergie speichert und der Anlage eine Autonomie von fünf Stunden verleiht. Das innovative und kreative System River Glow informiert nicht nur die Techniker in diesem Sektor, sondern auch die Bewohner über den Grad der Wasserverschmutzung.

这是一套外观设计令人印象深刻的水质监测系统。污染探测器浸没在水中并与悬浮的 LED 灯相连，根据水中的污染成分是否超标，测控系统会亮起红灯或是绿灯。LED 灯消耗能量很少，灵活纤薄的光伏电板模块在白天吸收的太阳能能够在晚上维持系统运行五个小时。这个设备的创新性在于能够通过简单、直观的信息令公众而不仅仅是专业人士了解水质的污染情况。

www.thelivingnewyork.com

David Benjamin and Soo-in Yang
for The Living（美国）
2006
原型

太阳能储存

水供暖系统
Water heating system
Solarheißwassersystem

It looks like a large hot water bag, but in fact the water is cold when first poured in and is heated inside using solar energy. The bag has a capacity of 34 oz and a surface area of some 6.5 sq ft when full. Its dark external PVC layer lets the sun's rays filter through an inner tube that connects to a lighter internal layer, which accumulates heat while remaining insulated, thanks to the so-called zebra effect. The temperature can thus reach up to 175°F. SolarStore reduces carbon dioxide emissions by 0.2 tons a year with respect to traditional water-heating systems and is an extremely cost-effective alternative, even when compared to other solar energy systems. The initial cost is already paid off after about six months of use, as the manufacturer claims. SolarStore could become a precious water-heating tool in countries with limited access to common energy sources. Since it is inflatable, it can also be comfortably rolled up and used for camping holidays.

Es sieht aus wie eine überdimensionale Wärmeflasche, aber es ist ein aufblasbarer Sonnenkollektor. Das kalte Wasser wird in den Behälter gefüllt und durch Sonnenenergie erhitzt. Der Behälter hat eine Kapazität von 30 Litern und eine Oberfläche von etwa 2 m^2. Die dunkle Außenhaut aus PVC filtert die Sonnenstrahlen durch einen Luftschlauch zu einer helleren Innenschicht. Der so genannte Zebra-Effekt sammelt die Wärme und isoliert sie gleichzeitig, so dass die Temperatur bis zu 80°C erreicht. Bei einer Reduzierung der Kohlenstoffdioxid-Emissionen von etwa 0,2 Tonnen pro Jahr gegenüber herkömmlichen Wassererhitzungssystemen bietet SolarStore eine kostengünstige Alternative. Den Angaben des Herstelles zufolge amortisieren sich die Anschaffungskosten bereits in sechs Monaten. SolarStore könnte ein Hilfsmittel in Ländern werden, in denen die Nutzung von Energiequellen eingeschränkt ist. Aber er ist auch ein praktischer Begleiter, denn er passt in einen Rucksack.

www.idc.uk.com

这个装置看起来像个大的热水袋,但事实上水刚注入的时候是凉的,利用太阳能在里面加热。其水容量可达约960克,装满后的表面积约0.6平方米。太阳射线穿过深色的聚氯乙烯外表层照射内部连接加热层的管道,这种隔热材质可以积聚热量,即所谓的斑马效应,加热温度可达到80℃。相对于传统的水暖供热系统,太阳能储存系统一年可减少0.2吨二氧化碳排放物,即使与其他的太阳能系统相比,它也是个极其划算的替代品。据制造者称,使用这种系统6个月就可以收回成本。特别是在常规能源有限的国家,太阳能储存系统将成为一种极其重要的水暖供热工具。由于它是充气的,所以可以方便地卷起收纳,也可以在假期野营时使用。

Stephen Knowles for Industrial Design Consultancy Ltd (英国)
2008

156
Solio Classic

太阳能充电器
Solar-energy battery charger
Solarladegerät

Solio is the first example of a series of innovative "clean" technologies that has incorporated an elegant design with sophisticated engineering to appeal to its user. Thanks to its interchangeable sockets, this lightweight (6 oz) and compact (5" x 2.5" x 1.5") battery charger can be used for a variety of cell phones, PDAs, MP3 players, digital cameras, GPS systems and game consoles. Solio's ergonomic body is composed of three solar panels, which powers its internal, high capacity battery, replaceable at the end of its life-cycle. For every hour of direct sun, Solio will provide about 15 minutes of talk time for most gadgets. Solio may also be powered from a computer, or a wall socket—and will hold its charge for up to one year.

Solio ist eines der ersten Beispiele unter den innovativen "sauberen Technologien", dass ein elegantes Design sowie innovative Bautechniken aufweist. Das Gerät ist sehr leicht (165 g) und kompakt (120 x 65 x 34 mm). Solio ist ein Solarladegerät, das dank einer Vielzahl von Adaptern für Handys, Smartphones und CD-Player, digitale Kameras, GPS-Systeme und Spielkonsolen verwendet werden kann. Wie Blütenblätter lässt sich die ergonomische Schale auffalten und speichert mit ihren Solarzellen Energie. Die enthaltene Hochleistungsbatterie kann am Ende ihrer Lebensdauer zudem ersetzt werden. Bereits eine Sonnenstunde liefert genug Energie für etwa 15 Minuten Gesprächszeit auf den meisten Geräten. Solio kann auch über einen Computer oder eine Steckdose aufgeladen werden und die gewonnene Energie bis zu einem Jahr lang speichern.

Solio 是一系列将创新的"清洁"技术与优雅设计结合的首例,其背后所凝结的顶级工程师们的努力大大提高了它对用户的吸引力。由于利用可替换插座,这种轻薄(重量约165克)小巧(尺寸120mm×65mm×34mm)的电池充电器可用于为各种各样的手机、掌上电脑、MP3播放器、数码相机、GPS系统和游戏机等充电。Solio 机体由三块太阳能板构成,可驱动内置的高容量电池,这三块太阳能板在使用周期结束时可进行更换。太阳每直射一个小时,Solio 获得的能量可以供手机等小型电子产品对话大约15分钟。Solio 也可以由电脑或者墙壁插座供电,其作为充电器可以持续使用一年。

www.solio.com

Better Energy Systems(美国)
2004

USBCELL

USB 充电电池
USB rechargeable battery
Aufladbare Batterie mit USB-Stecker

A battery that can be easily recharged through a computer: this is the principle upon which Moixa Energy based its design of an alternative to its current batteries. The USB interface allows the battery to exploit the power of a computer. Problems tied to the disposal of alkaline batteries are thereby avoided and pieces normally used for rechargeable batteries, like the transformer, are made superfluous. Once the battery stops working, it can be sent back to the manufacturer to be regenerated. The USBCELL can be recharged some 500 times a year with a minimal loss of power. The numbers alone justify the project's validity: every year more than 15 billion alkaline batteries are released into the environment.

Stellen Sie sich vor, Sie besitzen eine Batterie, die einfach und bequem am Computer wieder aufgeladen werden kann. Dies ist das zugrundeliegende Prinzip der USBCELL der britischen Firma Moixa Energy. Dank der USB-Schnittstelle nutzt die Batterie den im Computer vorhandenen Strom. Zu den Vorteilen dieser Lösung gehört, dass die aufwendige Entsorgung von Alkalibatterien vermieden wird oder dass etwa die Herstellung eines Transformators, der bei wiederaufladbaren Batterien üblicherweise benötigt wird, entfällt. Die USBCELL kann circa 500 Mal pro Jahr mit einem nur geringen Leistungsverlust vom Hersteller aufgeladen werden. Die enormen Produktionsmengen von Wegwerf-Batterien sprechen für sich: jedes Jahr landen mehr als 15 Milliarden Alkalibatterien auf den Abfalldeponien.

为了开发能够方便地通过计算机充电的电池，Moxia 能源公司研制了这款 USB 充电电池以替代现有的电池。USB 接口使电池可以直接利用电脑充电。USBCELL 解决了大量碱性电池报废处理的问题，也不再像传统充电电池那样需要使用额外的充电器。电池可以再循环，一旦出现问题，可返回到生产商手中更新。USBCELL 电量损耗极低，一年可充电大约 500 次。考虑到每年有超过 150 亿个碱性电池被排放到环境中去，该项目的价值无疑是显而易见的。

www.usbcell.com

British Design Duo (Simon Daniel and Chris Wright) for Moixa Energy Limited (英国)
2007

160

XO

儿童电脑
Computer for kids
Computer für Kinder

The "One Laptop per Child" (OLPC) project is primarily aimed at developing countries with the goal of producing low-cost, sustainable computers for kids. The XO computer does not reflect the cliché of "low cost = low quality." On the contrary, it uses the best technologies and open-source software on the market. Since the computer must also withstand difficult climatic conditions like sand, excessive sun and high rates of humidity that could compromise its ability to function, it has a reinforced external layer and can be recharged with either electricity, solar energy or a manual crank, according to the model. The interest generated by the project has developed into a dense network of supporters, including Google and Amazon.

Das Projekt „One Laptop per Child" (OLPC) war vorwiegend für Entwicklungsländer vorgesehen mit dem Ziel, kindgerechte, kostengünstige und nachhaltige Computer herzustellen. Für den XO gilt allerdings nicht, dass niedrige Kosten gleichbedeutend sind mit schlechter Qualität. Für den Lerncomputer wurden die neusten Technologien und eine Open-Source-Software verwendet. Da der Computer auch schwierigen Bedingungen ausgesetzt sein kann, wie z. B. Sand, starke Sonneneinstrahlung und Feuchtigkeit, wurde das Gehäuse besonders robust gestaltet. Je nach Modell kann der Computer durch Strom, Sonnenenergie oder sogar von Hand mit Hilfe einer Kurbel wieder aufgeladen werden. Das Projekt weckte großes Interesse und erfuhr eine breite Unterstützung von einflussreichen Unternehmen, wie Google oder Amazon.

OLPC（每个孩子都应该有一台自己的笔记本电脑）项目的主要目标是为发展中国家的孩子生产一批价格低廉且耐用的电脑。XO 电脑价格低廉并不表明质量粗糙。相反，它要用市场上最好的技术和开放式资源软件。由于电脑要能经受住艰苦的环境考验，像风沙、过度光照、高湿度等都不能影响计算机的运行，因此电脑的外壳做了加固的设计。此外，电脑可以通过普通的充电方式充电，可以利用太阳能充电，还可以通过电脑上的一个弯曲式手柄充电。对这个项目感兴趣的投资者已经发展成一个赞助网络，其中就包括谷歌公司和亚马逊公司。

Yves Béhar for fuseproject (美国)
2007

162 Dyson Airblade™

电子烘手机
Electric hand dryer
Händetrockner

For those who have always thought hot-air hand dryers are effective, the Airblade™ will come as a surprise. With its innovative design, this hand dryer emits a powerful burst of non-heated air that blows at a good 400 mph and is discharged from an opening the width of a strand of hair. In just 10 seconds, the air accomplishes the same it takes standard devices much longer to do with less satisfying results. Moreover, the air passes through a special filter that eliminates the bacteria normally found in public washrooms. With no hot air to produce, the Airblade™ also consumes up to 80% less energy than conventional dryers.

Wer bisher dachte, dass mit Heißluft betriebene, elektrische Händetrockner die wirksamsten seien, wird ganz schön ins Staunen kommen. Der auch im Design innovative Airblade™ erzeugt einen leistungsstarken, nicht erhitzten Luftstrom, der mit einer Geschwindigkeit von 640 km/h durch eine nur 0,3 mm große Öffnung – das entspricht dem Durchmesser eines Haares – geleitet wird. Dadurch wird in nur 10 Sekunden das gleiche Resultat erzielt, das bei herkömmlichen Geräten in bedeutend mehr Zeit und nicht immer auf zufrieden stellende Weise erreicht wird. Ein spezieller Filter beseitigt außerdem die Bakterien, die normalerweise in öffentlichen Toiletten vorkommen. Da keine Heißluft benötigt wird, verbraucht der Händetrockner im Vergleich zu konventionellen Geräten bis zu 80% weniger Strom.

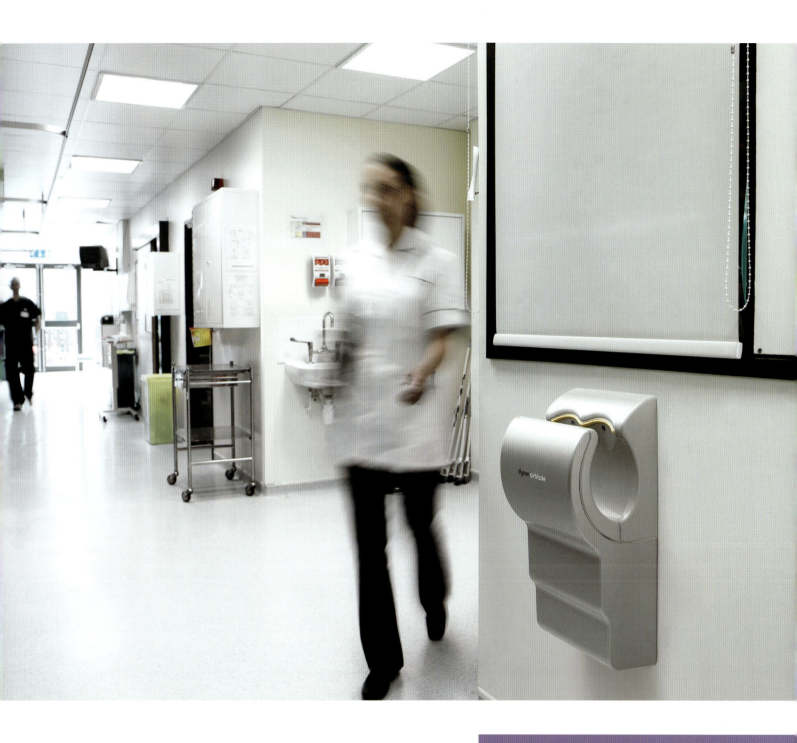

对于那些习惯于热空气烘手机的人来说，Airblade™ 的出现是一个惊喜。烘手机产生一股强大的未加热的气流以超过 400mph 的速度从一缕缕只有头发粗细的气孔中吹出，仅10 秒钟就可以将手烘干，比其他普通设备更节省时间，而效果更好。更重要的是，烘手机吹出的气体经过特殊的过滤可以滤掉公共卫生间里滋生的细菌。而不用加热空气，使 Airblade™ 比传统的烘手机节省 80% 的能量消耗。

www.dysonairblade.com

Dyson Ltd (英国)
2007

164

BH-701

蓝牙耳机
Bluetooth jewelry
Bluetooth-Headset

www.nokia.com

Heli Sade for Nokia (芬兰)
2007

The more you like something, the longer it lasts. Taking these words to heart, Nokia designed an elegant Bluetooth earpiece for its female public that looks just like a piece of jewelry. Its multiple functions are all contained inside a linear parallelepiped with a metallic finish that accentuates its sober but chic design. The Bluetooth device sits in the center of a stainless steel ring, which turns into a sort of earring during communication since it is positioned partly behind the ear for greater comfort. Alternatively, when attached to its chain, this lightweight piece of hi-tech jewelry—weighing only 0.5 oz—transforms into an elegant pendant. Since it is no longer just a technological object, the chances are better that it will last, in the full sense of ecodesign.

Je mehr man sie lieb gewinnt, desto länger überdauern sie die Zeit. In diesem Sinne hat Nokia für die moderne Frau ein elegantes Bluetooth-Headset entwickelt, das wie ein Schmuckstück aussieht. Seine zahlreichen Funktionen sind in einem filigranen Empfängerteil mit metallenem Finish integriert, das das schlichte und raffinierte Design hervorhebt. Für einen besseren Tragekomfort verläuft der Edelstahlbügel zum Teil hinter dem Ohr. Mit dem passenden Trageriemen verwandelt sich das 13,3 g leichte High-Tech-Accessoire in einen eleganten Anhänger. Mit seinem ansprechenden Design ist eine lange Lebensdauer des Headsets im Sinne der Nachhaltigkeit garantiert.

你越喜欢什么东西，它保存的时间就越久。以此为目标，诺基亚公司为女性用户设计了一款精美的头戴式蓝牙耳机，外观就像一副耳环。BH-701的多重功能全都包含在一个金属质感的平行六面体中，突出了素雅但别致的设计风格。蓝牙设备置于不锈钢圆环的中心，可以别在耳后提高了佩戴时的舒适感，在出入交际场合时还可以作为一款耳环。另外，这个高科技首饰的重量很轻，只有14.2克，如果配上链子，就可以成为一个优雅的挂件。BH-701已经不仅仅是一个科技产品，具有更高的被长久使用的可能性，这也是更全面意义上的生态设计吧。

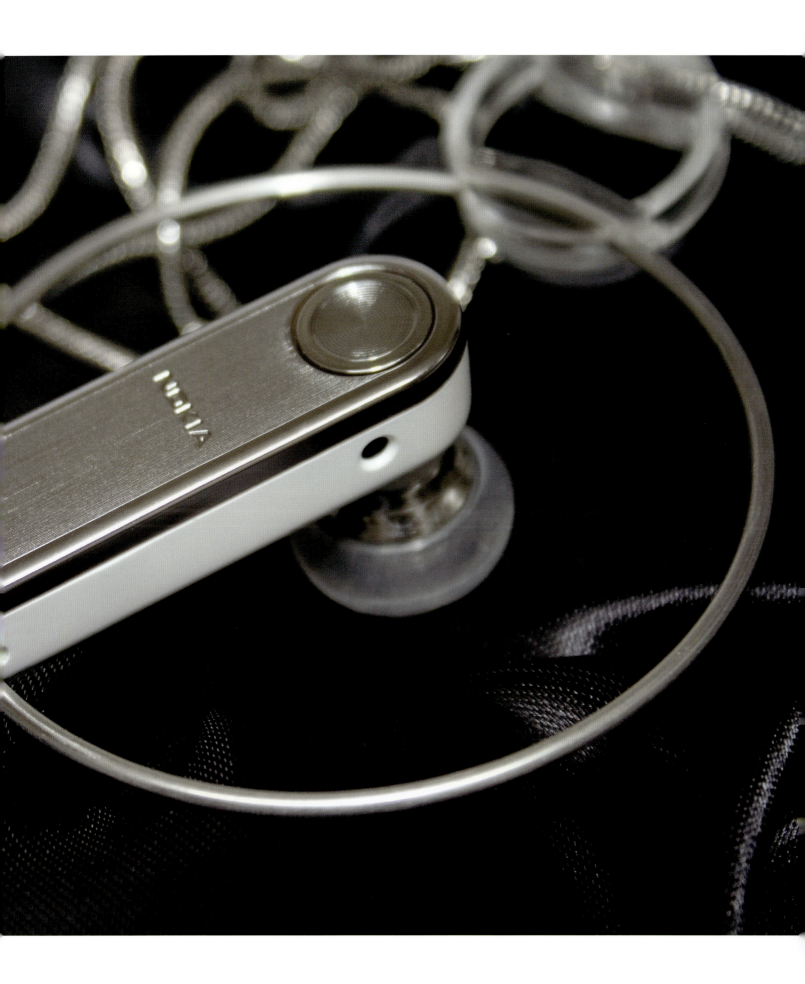

Postaphone

超薄手机
Ultra-thin phone
Ultraflaches Telefon

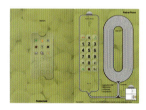
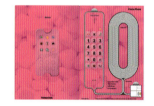
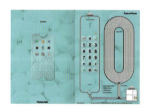
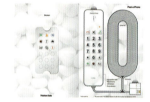

The low-tech world offers functional and sustainable alternatives to technological products. Postaphone, for example, was conceived as a backup home telephone for when other devices break down. The product's advantage is its ultra-thin size, which means it can be easily mailed inside a small standard envelope when needed. It is lightweight and compact, but most of all it is simple to use and can be personalized through a series of pre-set commands. Unlike older similar models, it is made with recycled materials (plastic and cardboard) and can also be connected to the Internet.

Bei diesem Produkt beweist die Low-Tech-Branche, dass funktionale und nachhaltige Alternativen im Vergleich zu technologischen Produkten bestehen können. Postaphone ist ein Festnetztelefon, das vor allem als schneller Ersatz für kaputte Geräte gedacht ist. Der Vorteil liegt u.a. in seinem ultraflachen Design. Dadurch passt es sogar in einen A5-Briefumschlag und kann bei Bedarf per Post verschickt werden. Es ist leicht und kompakt, einfach zu bedienen und durch eine Reihe von Voreinstellungen personalisierbar. Sogar eine Internetverbindung ist möglich. Im Gegensatz zu vergleichbaren Modellen wurde dieses Telefon aus Recycling-Material hergestellt (Plastik und Karton).

通过非科技手段为科技产品创造新的功能及可持续性的新机会，Postaphone 就是这样的例子，它可以成为家用电话发生故障时的替代品。这个产品的优越性在于它的超薄设计，需要时可以方便地放在一个普通的信封中邮寄。这种电话不仅轻薄且袖珍，最特别的是它便于使用且可以通过一系列的命令设置实现话机的个性化。和之前的同类产品不同，它是由可回收材料（塑料和硬纸板）制成而且可以连接互联网。

www.priestmangoode.com

Paul Priestman for Priestmangoode（英国）
2007

170
Remade
便携式电话
Cellular phone
Konzept-Handy

Sustainability and ultra-modern design have given shape to this cell phone prototype made entirely of recycled materials. Aluminum and PET, found in cans and bottles respectively, were used for the body, while the keypad was made from old tires. The electronic part, which is usually what impacts the environment the most, is made of reused components. Finally, special technology was designed for the display to ensure high energy savings. Classified by Greenpeace as one of the first phone companies to take environmental politics into account, Nokia presented this prototype at the 2008 Mobile World Congress in Barcelona.

Nachhaltigkeit und ultramodernes Design haben die Form dieses Handy-Prototyps beeinflusst, den Nokia 2008 auf dem Mobile World Congress in Barcelona vorgestellt hat. Das Mobiltelefon wurde ausschließlich aus recycelten Materialien hergestellt. Sein Gehäuse besteht aus Aluminium und PET, die aus Dosen bzw. Flaschen gewonnen wurden, während für die Tastatur alte Reifen benutzt wurden. Auch für die elektronischen Elemente, die normalerweise die größten Auswirkungen auf die Umwelt haben, wurden umweltschonende Lösungen gefunden. Eine speziell für das Display entwickelte Technologie gewährleistet hohe Energieeinsparungen. Nokia wurde von Greenpeace zu den ersten Unternehmen gezählt, die sich für den Umweltschutz engagieren.

环保和超现代的设计是这款完全由可回收材料制成的手机的特点，机身采用的是从易拉罐和瓶子上回收的铝和PET，键盘材料回收自废旧轮胎，对环境影响最大的电子零部件，则由回收再利用的部件组成。而且，显示屏采用了特殊的技术使其更加节能。诺基亚公司在 2008 年巴塞罗那移动通信全球大会中首次展出了该产品的原型，诺基亚也因此被绿色和平组织看做是首批将环境因素考虑在设计中的公司之一。

www.nokia.com

Tom Arbisi, Duncan Burns, Andrew Gartrell, Raphael Grignani, Simon James, Rhys Newman, Pawena Thimaporn and Pascal Wever for Nokia (芬兰)
2008
原型

交通运输

Transportation
Transport

简介
Introduction
Einleitung

Problems with transport have long been linked with the consumption of non-renewable resources like oil. The fact that this model was introduced with the industrial revolution more than two centuries ago shows how our dependence on fossil fuels is a legacy of the past that must be overcome, as the new environmental situation requires. In fact, transport needs related to both urban nomadism and the transfer of goods have been transformed over the years as local and international communication networks have grown more dense.

There is no lack of alternative solutions, as this chapter indicates. New models show, for instance, how it is possible to avoid owning a vehicle thanks to a system of sharing (Bikedispenser). In addition to these already developed but still infrequently used models are countless innovations in the world of energy, like the use of electric energy (Segway i2) and hydrogen (ENV). Structural advances have also been made, so that the means can be more compact (One) or can even be used for more than one purpose (Aquaduct).

This section is subdivided into alternative means of transport, bicycles, two-wheeled motor vehicles, watercrafts, aircrafts and services.

Die Problematik beim Personen- und Warenverkehr besteht in der Ausschöpfung von Energiequellen, wie z. B. Erdöl, die nicht erneuerbar sind. Dieses System, das zur Zeit der industriellen Revolution entstand, zeigt, dass die Abhängigkeit von fossilen Brennstoffen eine Hinterlassenschaft der Vergangenheit ist, die nicht zuletzt wegen der veränderten Umweltbedingungen überholt werden muss. Die Anforderungen an die urbane Mobilität bzw. an den Transport von Waren haben sich entscheidend verändert. Gleichzeitig haben sich die nationalen und internationalen Kommunikationsnetze verdichtet.

An alternativen Lösungen mangelt es jedenfalls nicht, wie in diesem Kapitel aufgezeigt wird. Der Kauf eines Transportmittels ist dank neuer Modelle (Bikedispenser), bei denen das Fortbewegungsmittel mit anderen Benutzern geteilt wird, nicht mehr notwendig. Zu diesen bereits entwickelten, aber noch wenig genutzten Modellen kommen weitere Innovationen hinzu: im energetischen Bereich die Verwendung von Strom (Segway i2) und Wasserstoff (ENV), im strukturellen Bereich die Kompaktheit der neuen Transportmittel (One) – oder sogar die Verwendung von Verkehrsmitteln für mehrere Zwecke gleichzeitig (Aquaduct).

In diesem Kapitel werden alternative Verkehrsmittel, Fahrräder, Motorräder, Personenwagen, Wasserfahrzeuge, Flugtransportmittel und Dienstleistungen vorgestellt.

长期以来，交通就一直与像石油这种不可再生资源的消耗问题密切联系在一起。随着环境的不断恶化，这种在两个多世纪前工业革命时期形成的、以对化石燃料的严重依赖为代价的交通模式已经难以为继。随着地区间和国际间交通网络日渐繁忙，与城市人口流动和货物运输相关的交通需求在过去几年里已经发生了悄然变化。

如本章所述，其实并不缺少其他的能源解决方案。例如共享自行车系统（自行车租赁系统）使我们可以不必每人拥有一辆车。除了这些已经开发出来但尚未得到广泛使用的系统，全世界在能源方面还有数不清的新发明，比如使用电能（Segwayi2）和氢能（ENV）。结构的不断优化使产品可以更加紧凑（One），或者甚至可以做到更加多功能（Aquaduct）。

这一章根据不同的交通方式划分为自行车、两轮机动车、水运工具、空运工具和其他交通服务。

easyglider X6

电动小型摩托车
Electric scooter
Elektro-Roller

Bicycles and scooters have long been the ecological means of individual transport *par excellence*. The easyglider, a multifunctional electric scooter, offers an alternative that is just as sustainable. In fact, the 360 kW electric motor allows the scooter to reach 12.5 mph with minimal emissions since it recharges itself whenever it goes downhill. Because of its compact size (64 x 38.5 x 20"), it is easy to transport by car and use in more heavily-trafficked areas when needed. However, the designers did not forget about the scooter's potential for fun. Not only can the easyglider be used by skateboarders or inline skaters by removing the foot rest, but it is also available in a version for kids.

Fahrräder und Roller sind seit jeher die umweltfreundlichsten Fortbewegungsmittel überhaupt. easyglider ist ein multifunktionaler Elektro-Roller, der eine innovative Alternative bietet. Mit 360 kW erreicht der Elektromotor eine Geschwindigkeit von bis zu 20 km/h bei sehr niedrigen Emissionen, da er sich beim Bergabfahren von selbst wieder auflädt. Durch seine geringen Abmessungen (162 x 98 x 51 cm) kann er leicht im Auto transportiert und bei Bedarf in verkehrsintensiven Gebieten benutzt werden. Die Erfinder haben bei der Planung auch den Spaßfaktor mitberücksichtigt: wenn man das Fußbrett entfernt, kann der easyglider auch als Skateboard oder mit Inline-Skates benutzt werden. Der easyglider ist auch in einer Ausführung für Kinder erhältlich.

自行车和小型摩托车一直以来都是最环保的个人交通工具。这款名为 easyglider 的多功能电动车就提供了可持续的交通方式。由于这款摩托车下坡时能够为自己充电，功率为 360 千瓦的电动机使车子在最小排量的条件下车速可以达到 20 公里／小时；还由于体积小巧（162cm×98cm×51cm），可方便地用轿车运送，在交通拥堵地区就更加体现出它的优势。此外，设计者并没有忘记为这款摩托车增加趣味，easyglider 去掉脚踏板就可以作为滑板，供滑板选手或单排轮滑选手使用，而且还提供儿童使用的版本。

www.easy-glider.com

raumprodukt, David Weisser for Easy-Glider AG
(瑞士)
2008

180

Segway i2
电动双轮车
Electric chariot
Zweiradroller

www.segway.com

Segway Inc. (美国)
2006

The Segway® Personal Transporter (PT) i2 is an electric means of transport that can be used indoors or outdoors. It can travel 24 miles at a speed of 12.5 mph. The i2 was inspired by the design of ancient chariots and consists of two wheels, a footrest and handlebars. Balance is guaranteed by a stabilization system that responds to the rider's movements, picked up by five sensors located inside the footrest. The rider starts and stops simply by leaning forward or backward; a wireless InfoKey controller turns the PT off. The use of electric energy and a good relationship between the amount of material input and the weight of the rider (or MIPS) makes the i2 a decisively sustainable and handy urban vehicle.

Segway® Personal Transporter (PT) i2 ist ein elektrisches Personentransportmittel, das sowohl Draußen wie Drinnen benutzt werden kann. Der Segway kann 38 km bei einer Geschwindigkeit von 20 km/h zurück legen. Das Design für i2 wurde von Rennwagen der Antike inspiriert und besteht aus zwei Rädern, einem Fußbrett und einem Lenker. Das Gleichgewicht wird durch ein Stabilisierungssystem gewährleistet und erfasst mit fünf Sensoren am Fußbrett jede Körperbewegungen des Fahrers. Die Fortbewegung erfolgt allein durch Gewichtsverlagerungen. Bei einer Vorwärtsbewegung des Oberkörpers fährt das Gerät an, während das Anhalten durch eine Bewegung nach hinten erfolgt. Ein kabelloses InfoKey Steuergerät schaltet den Roller aus. Die Verwendung von Strom und ein vorteilhaftes Verhältnis zwischen der Menge an verwendetem Material und dem Gewicht der zu transportierenden Person (genannt MIPS) macht aus i2 ein ausgesprochen äußerst praktisches Transportmittel für die Stadt.

Segway® 个人交通工具（PT）i2 是一种室内外均可使用的电动代步工具。它能以 20 公里／小时的速度行驶 38 公里。i2 灵感来源于古代的战车，由两个轮子、一个脚踏板和把手组成。五个传感器固定在脚踏板内组成一个稳定系统，能够感知骑手的动作并做出反应，使车体保持平衡。骑手通过简单地向前和向后倾斜来启动和停车，开关由一个无线的信息钥匙控制器控制。电能的使用，车体材料用量和骑手重量之间的良好比例关系（亦称 MIPS），使得 Segway i2 成为一种绝对意义上的环保、便利的城市交通工具。

182

Aquaduct

自行车水净化器
Bicycle-purifier
Fahrrad mit Wasserfilter

www.ideo.com

Adam Mack, John Lai, Eleanor Morgan,
Paul Silberschatz, Brian Mason for IDEO (美国)
2008
原型

A water purifier that is also a means of transport or, vice versa, a bicycle that filters water. This, in short, is the project conceived by American studio IDEO for developing countries and particularly for women, who are usually the ones responsible for collecting the daily water supply. Using a special bike outfitted with a carbon filter and two tanks, water is pumped from one tank to the other, passing through the filter, thanks to the power triggered by the rider's pedaling action. With just a little physical exercise and, above all, at no cost, the water is purified of polluting elements during its transport. Aquaduct is an environmental and ethically sustainable project. Although it is not yet in production, the hope is that it will inspire the creation of yet more alternative water-purification systems.

Das Fahrrad Aquaduct wurde von dem amerikanischen Studio IDEO für die Verwendung in Entwicklungsländern konzipiert. Es handelt sich um eine Wasseraufbereitungsanlage, die gleichzeitig ein Fortbewegungsmittel ist oder umgekehrt ein Fahrrad das Wasser aufbereitet. Es ist vor allem für Frauen gedacht, deren Aufgabe die tägliche Wasserversorgung der Familie ist. An diesem speziellen Fahrrad sind zwei Tanks angebracht. Die beim Treten erzeugte Kraft pumpt das Wasser vom Haupttank über den Kohlenstofffilter in den Vordertank. Mit minimalem physischem Kraftaufwand wird so das verunreinigte Wasser während des Transports gereinigt und trinkbar gemacht. Auch wenn dieses umweltfreundliche Fahrrad noch nicht produziert wird, ist es eine wichtige Inspiration für die kostengünstige Produktion von Wasseraufbereitungssystemen.

Aquaduct 是净水器，也是交通工具，或者反过来说，是自行车，同时也可作为滤水器。这是由美国的设计工作室 IDEO 发起的一个项目，主要针对发展中国家，尤其是那些每天都要寻找和运送日常用水的妇女。这辆自行车装有一个碳过滤器和两个水箱，人们通过蹬车提供能量，使水经过滤器，从一个水箱被抽到另一个水箱。只需要很少的体力运动，最重要的是不需要花钱，水就可以在运输过程中得到净化、滤掉污染物。Aquaduct 是一项在环境保护和伦理上都具有可持续性的项目。尽管它还没有付诸生产，但希望它会促使人们创造出更多的净化水的系统产品。

186
CityCruiser

脚蹬三轮出租车
Velocipede-taxi
Fahrradtaxi

www.veloform.com

Dipl.-Ing. Stefan Kruschel; Dr. Franz for Veloform GmbH
(德国)
2000和2006

Halfway between a rickshaw and an electric bicycle, the CityCruiser is powered by the driver's muscle strength, with a supplementary electric motor for long stretches. Two 12-Volt batteries help it reach a speed of about 7 mph without the release of harmful emissions. In addition to the driver, the vehicle has space for two passengers plus luggage. The CityCruiser is built with sustainable materials: recyclable polyethylene for the cab and metal for the chassis. The use of more than one material, however, does not impede its recycling, since it was produced according to the dictates of design for components. Otherwise cumbersome for its dimensions (10 x 3.5 x 6 ft), it can thus be easily transported to dealers.

CityCruiser ist eine Kombination aus Rikscha und Elektrorad, der die Muskelkraft des Fahrers nutzt, die auf längeren Strecken durch zwei 12-Volt-Batterien unterstützt wird. Ohne Abgabe von Emissionen kann so eine Geschwindigkeit von 11 km/h erreicht werden. Außer dem Fahrer bietet der CityCruiser noch zwei weiteren Personen mitsamt ihren Koffern Platz. Die Kabine besteht aus Recycling-Polyethylen, während der Rahmen aus recyceltem Metall gebaut wurde. Die Verwendung von mehreren Materialien steht einer einfachen Endverwertung nicht im Wege, da das Fahrradtaxi gemäß den Grundsätzen des Bauteiledesigns zusammengesetzt wurde. So wird auch der Transport zu den Verkaufsstellen erleichtert, der sonst auf Grund der Maße (185 x 305 x 110 cm) sehr umständlich wäre.

CityCruiser是一种介于人力车和电动自行车之间的交通工具，靠驾驶者的运动提供动力，并配备有一个针对远途交通的辅助电动机。两个12伏的电池使它的速度能够达到大约11公里／小时，同时没有有害气体排放。除了司机，这款车的空间还可搭载两名乘客和他们的行李。CityCruiser由具可持续性的材料打造：车体采用了可回收聚氯乙烯，底盘则是金属制成。虽然使用了不止一种材料，但由于精心设计，按部件选材，因此并不妨碍它的回收。此外它的体量轻便（185cm×305cm×110cm），便于运输。

190
FLUIDA.IT
折叠自行车
Folding bicycle
Faltrad

Like all city bikes, FLUIDA.IT provides a last hope for those having to brave urban traffic. Flexible, lightweight and compact, this velocipede, unlike other products belonging to the same category, is optimized for all the phases of its use. Not only can the pedals and handlebar be folded, reducing the space they take up, but the seat also doubles as a lock. The most innovative components, however, are the wheels: with two different sizes, the bulk of the bicycle is reduced by 50%, resulting in a saving of material without compromising either gear speed or road holding.

FLUIDA.IT ist ein Rettungsanker für jene, die den städtischen Verkehr bezwingen müssen. Flexibilität, Leichtigkeit und Kompaktheit charakterisieren dieses Stadtrad. Im Gegensatz zu anderen Produkten der gleichen Kategorie wurde es für die verschiedenen Benutzungsphasen optimiert: während die Pedale und das Lenkrad gefaltet werden können und so weniger Platz einnehmen, erfüllt der Sattel eine doppelte Funktion, da er gleichzeitig auch als Schloss dient. Die innovativsten Bauteile sind jedoch die Räder: die verschiedenen Größen erlauben eine Raumeinsparung von 50%. Trotz der Materialeinsparung ist weder die Fahrgeschwindigkeit noch die Straßenlage beeinträchtigt.

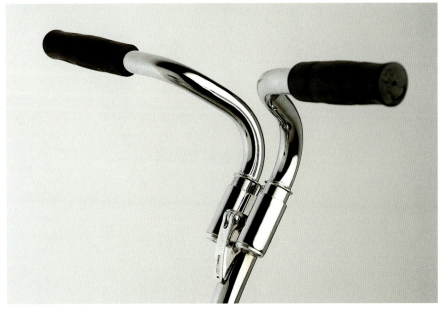

www.fluida.it

像所有的城市自行车一样，FLUIDA.IT 为那些不得不在城市中穿行的人提供了最后希望。这款自行车灵活、轻便、小巧，与同类别的其他产品不同的是，设计师对其使用的各个阶段都进行了优化设计。不仅踏板和把手能够折叠以减少占用空间，车座还能折叠用作车锁。最有创意的部分是车轮：两个车轮的大小不同，使自行车的主体尺寸减小了50%，在保证档速及抓地能力的同时大大节省了材料。

Marco Gaudenzi, Isao Hosoe, Takeo Hosoe, Nicola Pari for Fluida S.r.l. (意大利)
2000

One

折叠自行车
Folding bicycle
Faltrad

The Brompton folding bicycle has become a legend amid city traffic. Now, with One, Thomas J. Owen shows how this basic idea can be developed. Made of aluminum and carbon fiber, this prototype is even more manageable and easy to transport. Once the bike is folded up, it forms a cylinder complete with handle to hide the "dirty" parts inside. There is even a version with an electric motor. One is therefore presented as the evolution of a sustainable product that offers an efficient and dynamic alternative to increasingly slow and crowded urban traffic.

Das Brompton-Faltrad gehört zu den Klassikern im städtischen Verkehr. Mit dem Modell One zeigt Thomas J. Owen, dass die Grundidee noch weiter ausgebaut werden kann. Dieser Prototyp aus Aluminium und Kohlenstofffaser ist handlicher und einfacher zu transportieren. Im gefalteten Zustand hat das Fahrrad die Form eines Zylinders mit Handgriff, wobei die "schmutzigen" Teile im Inneren verborgen werden. Der Erfinder stellte sogar eine mit Elektromotor ausgestattete Version vor. Das Modell One präsentiert sich als die Weiterführung eines nachhaltigen Produktes, das eine effiziente und dynamische Alternative zum immer überfüllteren und langsameren Stadtverkehr darstellt.

www.thomasjowen.co.uk

Brompton 折叠自行车已经成为城市交通中的一个奇迹。托马斯·J·欧文（Thomas J. Owen）展示了这款自行车的基本设计理念：样车由铝和碳纤维制成，易于控制、便于运输。自行车折叠后，就成了一个带把手的圆柱状，"脏"的部分藏在了里面。它甚至还有一个电动款式，为日益缓慢和拥堵的城市交通提供了高效而充满活力的选择。

Thomas J. Owen (英国)
2006
原型

大西洋零排放

氢能源小型摩托车
Hydrogen scooter
Wasserstoff-Roller

Like all hydrogen-powered vehicles, which release water vapor in place of polluting gases into the air, the Atlantic Zero Emission scooter is still a prototype and will stay that way until suitable infrastructures are created to support the use of non-fossil fuels. The hydrogen propulsion system produces 6 kW of power, provides a fuel distance of about 90 miles of city driving and can reach a speed of about 50 mph. Aesthetically, the scooter, presented by the Italian company Aprilia in 2004, maintains the shape and design of the other models in the Atlantic series. Even the size of its fuel-cell tank is the same as scooters that use fossil fuels, showing that the design of a vehicle does not have to depend on the kind of fuel it uses.

Der Roller Atlantic Zero Emission, der in seiner Ästhetik die Formen und Linien der Atlantic-Reihe beibehält, wurde 2004 vom italienischen Unternehmen Aprilia vorgestellt. Wie alle Verkehrsmittel mit Wasserstoff-Antrieb gibt der Roller keine schädlichen Abgase, sondern nur Wasserdampf in die Umwelt ab. Bis zur Errichtung von Anlagen, die für nicht-fossile Kraftstoffe geeignet sind, bleibt dieser Roller allerdings ein Prototyp. Der Wasserstoffantrieb liefert 6 kW Leistung, besitzt eine Reichweite von 150 km im städtischen Verkehr und kann eine Geschwindigkeit von 85 km/h erreichen. Das Tankvolumen der Brennstoffzelle entspricht dem von Rollern, die mit fossilen Brennstoffen angetrieben werden. Atlantic Zero Emission zeigt eindrucksvoll, dass anspruchsvolles Design nicht vom verwendeten Kraftstoff abhängig sein muss.

www.aprilia.com

与所有向空气中排放水汽而不是污染气体的氢能源车一样，大西洋零排放（Atlantic Zero Emission）小型摩托车目前仍然只是一个样车，等待能支持非化石燃料使用的基础设施的发展建设。这辆小型摩托车的氢气推进系统能够产生6千瓦的电力，可供在市区行驶150公里，时速可达80公里。从美学角度看，这款由意大利的Aprilia公司在2004年推出的摩托车，在造型和设计上与大西洋系列的其他型号保持一致，甚至燃料箱大小都与使用化石燃料的摩托车相同，说明车辆设计时已经考虑到使它所用的燃料种类不受限制。

Aprilia in collaboration with Mes-Dea
(意大利-瑞士)
2004
原型

ENV

氢能源摩托车
Hydrogen motorcycle
Wasserstoffbetriebenes Motorrad

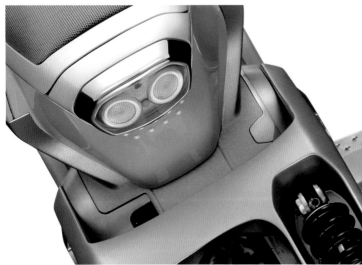

The world of two wheels has opened its doors to hydrogen motors. The ENV (Emissions Neutral Vehicle) project, developed by the English company Intelligent Energy in 2005, represents the first application of fuel-cell, or combustible-cell, technology to motorcycles. A bike can reach up to 50 mph with a hydrogen motor, which is based on the use of PEM (Proton Exchange Membrane) fuel cells; inside the motor, the cells overlap in various layers to make the most of the space available. Not only is hydrogen one of the few combustibles that does not cause pollution, it actually generates a precious resource. The waste produced by combustion is in fact pure water, which can either evaporate or be consumed—as occurred during the Apollo space mission. While the ENV is still a prototype, it shows how the sustainable technology it employs is ready to be produced and commercialized.

Die Motorradwelt öffnet ihre Tore dem Wasserstoffmotor. Das Projekt ENV (Emissions Neutral Vehicle), das 2005 von der englischen Firma Intelligent Energy entwickelt wurde, ist eine der ersten Prototypen mit der fuel cell-Technologie (Brennstoffzelle). Der Wasserstoffmotor, der eine Geschwindigkeit von bis zu 80 km/h ermöglicht, basiert auf der Verwendung von PEM-Zellen (Polymer-Elektrolyt-Membran). Im Motorinneren werden die Zellen aufgrund des geringen Platzes übereinander geschichtet. Wasserstoff ist einer der wenigen Brennstoffe, die die Umwelt nicht belasten, sondern auch ein kostbares Gut liefern: das Abfallprodukt ist nämlich reines Wasser. Dieses kann man verdampfen lassen oder trinken, so wie es auf der Apollo Raumfahrtmission gemacht wurde. ENV ist zwar noch ein Prototyp, aber diese umweltfreundliche und nachhaltige Technologie ist reif für die Produktion und Vermarktung.

摩托车设计领域已经向氢动力敞开了大门。英国智能能源公司（Intelligent Energy）在2005年发起的ENV（中性排放交通工具）项目第一次在摩托车上应用了燃料电池，亦称可燃电池技术。摩托车采用了基于PEM（质子交换膜）燃料电池原理的氢气发动机，时速可达80公里。在发动机内部，电池层层重叠以尽可能节省空间。氢不仅是少数可燃且不造成污染的燃料之一，而且还会产生另一种宝贵的资源——水。氢气燃烧产生的其实是纯净水，可以蒸发掉，也可以被利用，就像在阿波罗太空计划中那样。尽管ENV现在仍是一个样车，但它已经证明其所用的环保技术已经具备了批量生产和商业化的能力。

www.intelligent-energy.com

Seymourpowell for Intelligent Energy（英国）
2005
原型

200

空中客车 Eureka

压缩空气动力车
Compressed-air car
Druckluftauto

It may be hard to believe, but the concept of the compressed-air car goes back to 1687 when French mathematician and physicist Denis Papin conducted the first studies on the subject. Some two-hundred years later, the French brothers Andraud and Tessier de Motay developed the first vehicle to use this technology. Today, ever more companies are conducting research into this non-polluting fuel. Particularly worthy of attention is the Spanish company Air Car Factories, which is carrying out various sustainable transportation projects, including the multipurpose vehicle Eureka. The benefits of this "historic" technology are both environmental and financial. Not only are production costs reduced by 20% because of the small number of components used, but the fuel is easy to procure and transport. What is more, the air tank can be recycled without the negative fallout on the environment that takes place with the batteries of traditional cars.

Das Konzept für das Druckluftauto geht bereits auf das Jahr 1687 zurück, als der französische Mathematiker und Physiker Denis Papin erste Forschungen auf diesem Gebiet unternahm. Etwa zwei Jahrhunderte später entwickelten die Franzosen Andraud und Tessier de Motay das erste Auto mit Drucklufttechnologie. Heutzutage betreiben immer mehr Unternehmen Forschungen mit diesem umweltverträglichen Brennstoff. Besondere Beachtung verdient dabei das spanische Unternehmen Air Car Factories, das bereits nachhaltige Projekte realisierte, darunter auch das Auto mit Einraumkarosserie Eureka. Diese Technologie ist umweltfreundlich und kostengünstig. Durch die Reduzierung von Bauteilen können die Produktionskosten um 20% gesenkt werden und der Brennstoff ist leicht zu beschaffen und zu transportieren. Außerdem kann der Lufttank ohne negative Auswirkungen auf die Umwelt recycelt oder entsorgt werden.

令人难以置信的是压缩空气动力车的概念可追溯到 1687 年，当时法国数学家和物理学家丹尼斯·帕潘（Denis Papin）第一次对这个问题进行了研究。大约两百年之后，法国的安德罗（Andraud）和泰西耶·德·莫塔（Tessier de Motay）兄弟研制出第一辆使用这种技术的汽车。如今，越来越多的公司投入到对这种零污染的燃料的研究中。特别值得关注的是西班牙的空中客车制造厂（Air Car Factories）发起了各种环保交通项目的研究，多用途汽车 Eureka 即是其中之一。这项具有历史意义的技术不但环保，而且经济。Eureka 不仅因为减少零部件数量降低了 20% 的生产成本，而且它的燃料便于采集和运输。此外，空气罐可以循环使用，不会像传统汽车的电池报废那样对环境造成负面影响。

www.aircarfactories.com

Sergio de la Parra for Air Car Factories S.A. (西班牙)
2008
原型

Phylla
太阳能城市车
Solar-energy city car
Solarzellenbetriebener Stadtwagen

Presented in 2008 by the Regione Piemonte, Fiat Research Center and the Polytechnic Institute of Turin, the Phylla—Greek for "leaf"—is a city car that responds to various sustainable approaches. Not only does it use alternative energy sources, but it is recyclable and some of its parts are even biodegradable. Flexible photovoltaic panels provide a fuel distance of 11 miles. However, with the use of rechargeable electric batteries, the car can be driven up to 124 miles. Less than 10 ft long and around 5 ft wide, it weighs only 1650 lbs, can reach 80 mph and accelerates to 30 miles in just 6 seconds. The developers also took the dismantling phase into consideration by incorporating materials that are easy to recognize and separate, thereby facilitating recycling. Phylla therefore emerges as a "technological laboratory" that experiments with innovative solutions for sustainable urban mobility.

Der Kleinwagen Phylla – das Wort stammt aus dem Griechischen und bedeutet „Blatt" – wurde 2008 von der Regione Piemonte, dem FIAT-Forschungszentrum und der Technischen Hochschule Turin vorgestellt. Der Wagen erfüllt mehrere Anforderungen an Nachhaltigkeit: er wird durch Alternativenergien angetrieben, ist vollständig recycelbar und einige seiner Bestandteile, wie bspw. die Karosserie oder die Reifen, sind biologisch abbaubar. Die Photovoltaikzellen ermöglichen eine Reichweite von 18 km, bei Benutzung der Elektrobatterien sogar bis zu 200 km. Der Kleinwagen ist weniger als 3 m lang und rund 1,5 m breit. Aufgrund des geringen Gewichts von 750 kg erreicht Phylla eine Höchstgeschwindigkeit von 130 km/h und beschleunigt von 0 auf 50 km/h in 6 Sekunden. Die Entwickler planten eine umweltbewusste Entsorgung und wählten ein Design, dass die Wiederverwertung der verschiedenen Materialien erleichtert. Phylla fungierte als „technologisches Labor", in dem innovative Lösungen für einen umweltfreundlichen, urbanen Verkehr getestet wurden.

Phylla(希腊语中"叶"的意思)是一辆综合运用了各种环保技术的城市汽车。2008年在比埃蒙特大区,由菲亚特研究中心和都灵理工学院合作研制。它不仅使用可替代能源,而且整车可回收,它的一些部件甚至可生物降解。光伏板提供的能量可供Phylla行驶18公里。如果使用充电电池,汽车行驶里程可提高至200公里。Phylla长不足3米,宽约1.5米,仅重750千克,时速可达130公里,加速到50公里仅需6秒。设计者还考虑到了产品的拆解阶段,注意到材料的易于识别和拆解,从而便于回收。因此可以说,Phylla是一个可持续性城市交通的"创新技术实验室"。

www.crf.it

Centro Ricerche Fiat (意大利)
2008
原型

Czeers

太阳能船
Solar-energy boat
Solarboot

www.czeers.com

David Czap and Nils Beers for Czeers Solarboats (荷兰)
2007
原型

The Czeers is one of the first of its kind: a speedboat for racing powered by solar energy. Its surface is entirely covered by photovoltaic panels, allowing the electric motor to reach a strength of 80 kW and a speed of 30 knots (34.5 mph). The cutting-edge qualities of this 33 ft.-long boat include a linear, futuristic design and an LCD touch-screen control system. The prototype was created in 2006 and proved its value by winning the world competition for solar-propulsion boats, the "Frisian Solar Challenge", by going some ten hours longer than the other boats.

Czeers ist ein mit Solarenergie betriebenes Motor-Rennboot. Sämtliche Flächen des Bootes sind mit Solarzellen bedeckt. Diese speisen den Elektromotor, der eine Leistung von 80 kW und eine Geschwindigkeit von 30 Knoten (55 km/h) erreichen kann. Das Boot besitzt zahlreiche moderne Merkmale: lineares und futuristisches Design auf 10 m Länge, Bedienelemente wie ein LCD-Touchscreen zur einfachen Steuerung sowie sorgfältig ausgewählte Materialien, wie z. B. Kohlenstoff für den Bootskörper. Der 2006 fertig gestellte Prototyp hat die weltweit größte Regatta für solarzellenbetriebene Boote, die „Frisian Solar Challenge", mit etwa 10 Stunden Vorsprung auf die anderen Boote gewonnen.

Czeers 是最先以太阳能为动力的竞速快艇之一。它的表面完全被光伏板覆盖，电动机功率可达到 80 千瓦，行驶速度达到 30 节（55 公里／小时）。这艘长为 10 米的船所具有的尖端前沿特质包括它流线型、具有未来感的设计，以及一个液晶的触屏控制系统。样船在 2006 年完成，并通过在太阳能推进船的世界级竞赛"弗里斯兰太阳能挑战赛（Frisian Solar Challenge）"中获胜证明了自己的价值，它比其他船多行驶了大约 10 小时。

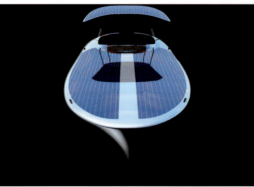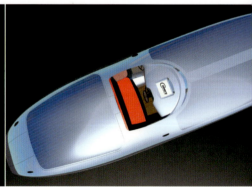

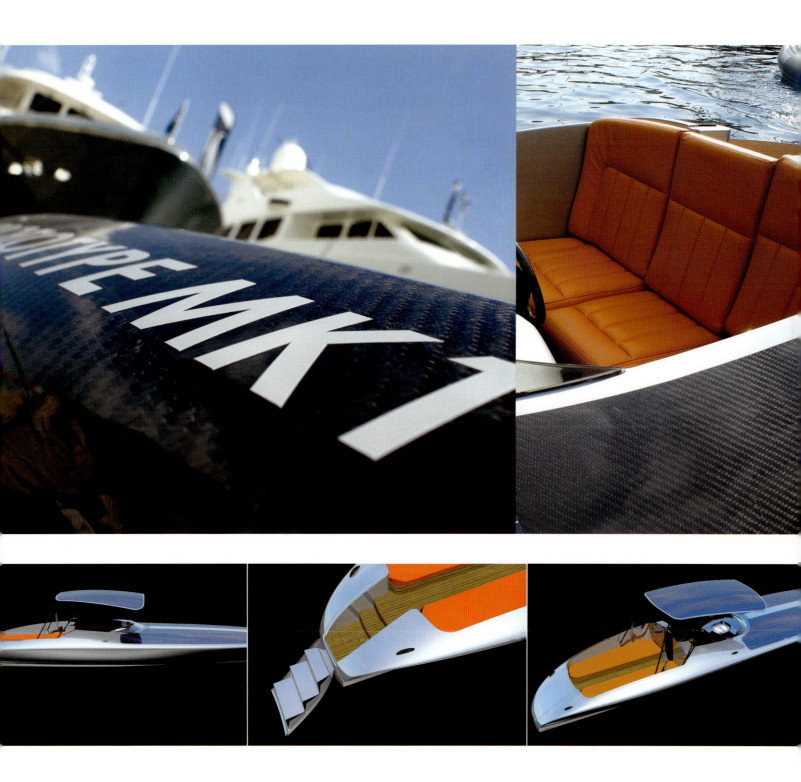

Lanikai

充气皮艇
Inflatable kayak
Aufblasbarer Kajak

www.clearbluehawaii.com

Andres Segreta for Clear Blue Hawaii (美国)
2003

Lanikai is an inflatable kayak that can be put back in its own bag when deflated. It is 10-ft long when blown up, weighs little more than 22 lbs and is easily transported—great for those who love to travel far off the beaten track. Lanikai is made with 840-denier nylon, a very durable material. To make this sport even more attractive, the kayak's hull was made partly out of a transparent material so the rower can enjoy a unique view. Lanikai is one of several products made by a company that has long searched for sustainable solutions to problems of transport and manageability of individual watercrafts.

Lanikai ist ein aufblasbarer Kajak mit einer Länge von fast 3 m und einem Gewicht von rund 10 kg. Wenn er nicht benutzt wird, kann er Platz sparend in einer Aufbewahrungstasche verstaut werden. Die für dieses Modell charakteristische Kompaktheit und Leichtigkeit ermöglichen einen komfortablen Transport. Diese Eigenschaften sind besonders nützlich, wenn man abgelegene Orte erreichen möchte. Lanikai besteht aus sehr widerstandsfähigem und beständigem Nylon 840 Denier, das eine lange Lebensdauer des Produktes gewährleistet. Eine weitere Besonderheit ist der durchsichtige Rumpf, der den Insassen eine einzigartige Sicht auf die Unterwasserwelt bietet. Lanikai ist eines von vielen Produkten des Unternehmens Clear Blue Hawaii, das für seine nachhaltigen Lösungen bei Transport und Handlichkeit bekannt ist.

Lanikai 是一款充气皮艇，由耐用材料 840 旦尼龙制成，充气后有 3 米长，重量 10 千克多一点，放气后可折叠放入配套的袋子里，方便携带，这一点深得那些喜欢到偏远地方旅行的人喜爱。为了使 Lanikai 更具吸引力，船体的一部分采用了透明材料，划船者在运动中可以欣赏到独特的景色。研发 Lanikai 的这家公司在水上运输和易于操控的个人水上交通工具领域，长期致力于研发具有可持续性的解决方案，Lanikai 是其研究成果之一。

212
PlanetSolar
太阳能动力双体船
Solar-energy catamaran
Solar-Katamaran

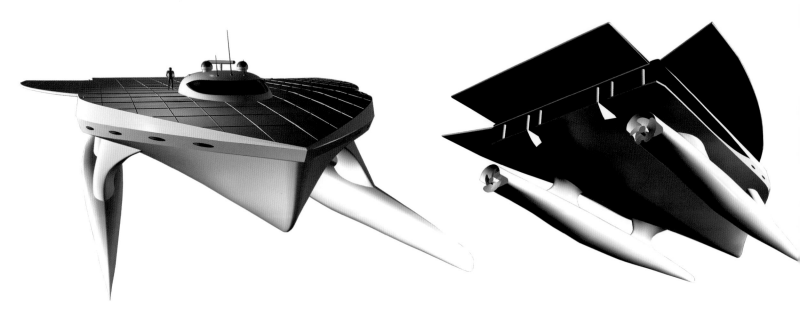

In 2004, a team of naval physicists, engineers and builders began a series of studies on the use of solar energy in the nautical world, as a challenge to the skeptics. This futuristically-designed catamaran was one of the first prototypes to be completed. Ninety-eight feet long, with solar panels covering a total surface area of 1542 sq ft, it is designed to reach a speed of 15 knots. The product will be launched in 2010 with a memorable undertaking: a 120-day voyage across the world, hugging the equator. A promotional campaign will take place alongside the docking of the catamaran at each planned stop to raise awareness of natural energy sources as valid alternatives to combustible fossil fuels.

Entgegen aller Skepsis startete 2004 ein Team von Physikern, Ingenieuren und Schiffsbauern eine Untersuchungsreihe zur Nutzung von Solarenergie in der Schifffahrt. Das Ergebnis ist ein Katamaran mit futuristischem Aussehen. Dieser Prototyp ist 30 m lang und auf einer Fläche von 470 m² mit Sonnenkollektoren bedeckt. Die Bauweise ermöglicht eine Geschwindigkeit von bis zu 15 Knoten (28km/h). Das Projekt verfolgt das anspruchsvolle Ziel einer Weltumseglung entlang des Äquators in 120 Schifffahrtstagen allein auf Solarenergiebasis. Während dieser langen Reise, geplant für 2010, wird eine Werbekampagne das Anlegen des Katamarans bei den jeweiligen Zwischenstationen begleiten. Ziel ist es, das Publikum auf das Potential von natürlichen Energiequellen als wertvolle Alternative zu fossilen Brennstoffen aufmerksam zu machen.

2004 年，一个由海军物理学家、工程师和造船者组成的团队对太阳能在航海领域的应用展开了一系列研究，以回应怀疑者的质疑。PlanetSolar，这艘造型极富未来感的双体船是将要完成的第一批样船之一，船体长达 30 米，上方 143 平方米的表面全部被太阳能电池板所覆盖，设计航速可达 15 节 28 公里／小时。PlanetSolar 将于 2010 年以一个令人难忘的方式推出：沿着赤道进行为期 120 天的环球航行。双体船沿途停泊的码头都会举办宣传活动，以促使人们有效地利用天然能源来代替化石燃料。

www.planetsolar.org

Craig Loomes for Craig Loomes Design (新西兰)
2009
原型

Solar Impulse

光电能飞机
Photovoltaic-energy airplane
Solarflugzeug

Around the world, about a million tons of gas are consumed each hour. Hence, designs involving renewable energy sources are constantly being pushed to new horizons. Solar Impulse, an airplane that runs on solar energy, is the fruit of that research in the aeronautical world. Although the two prototypes created, HB-SIA and HB-SIB, are not the first of their kind, they represent a true challenge since they were conceived to fly both during the day and at night. After the first tests and a 36-hour flight, the HB-SIA model will repeat a classic in the history of aviation: crossing the Atlantic. The HB-SIB will subsequently circle the world in five legs. Totally revolutionary, with a wingspan of 208 ft and a weight of some 3500 lbs, Solar Impulse is a powerful symbol that will serve as an inspiration to discover the advantages of renewable energies.

Jede Stunde wird weltweit etwa eine Million Tonnen Erdöl verbraucht. Forschungen im Bereich der erneuerbaren Energiequellen sind daher an der Tagesordnung. Ein Beispiel dieser Forschung im Luftfahrtbereich ist Solar Impulse, ein durch Sonnenenergie angetriebenes Flugzeug. Die beiden hergestellten Prototypen HB-SIA und HB-SIB sind zwar nicht die ersten Flugzeuge dieser Art, sie gehören jedoch zu den ehrgeizigsten Projekten, da sie im Gegensatz zu Anderen für den Tag- und Nachtflug konzipiert wurden. Auf einer Fläche von 200 m^2 wurden auf den Flügeln und auf der Höhenflosse Solarzellen angebracht, mit denen das Flugzeug dank der vier Motoren von jeweils 10 PS eine Höhe von 8500 m und eine Geschwindigkeit von 70 km/h erreichen kann. Nach Ausführung der ersten Tests und eines 36-stündigen Flugs wird das HB-SIA mit einem Atlantiküberflug einen großen Klassiker der Luftfahrt wieder aufleben lassen. Das HB-SIB wird hingegen eine Erdumrundung mit fünf Zwischenlandungen in Angriff nehmen. Mit einer Flügelspannweite von 63,40 m und einem Gewicht von 1600 kg ist das revolutionäre Solar Impulse ein starkes Symbol, das zur Entdeckung der Vorteile erneuerbarer Energien anregen wird.

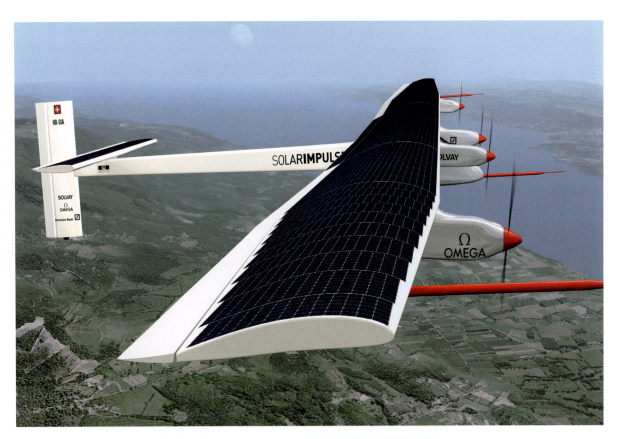

www.solarimpulse.com

在世界各地，每小时就要消耗大约 100 万吨天然气，因此，推动运用可再生能源的设计得到日益广泛的重视。靠太阳能飞行的飞机 Solar Impulse（太阳能驱动号），是航空领域的最新研究成果。尽管已经造出的两架样机 HB-SIA 和 HB-SIB 并不是同类型产品中最早的，但其真正的独特之处在于能够不分日夜地飞行。经过初测以及 36 小时的试飞后，HB-SIA 号将重演航空史上的经典——飞越大西洋。而 HB-SIB 随后将分五个阶段环绕地球飞行。Solar Impulse（太阳能驱动号）翼展达 63.40 米，重约 1600 千克，这个极具革命性的成果，已经成为激励人们有效利用可再生能源的强有力的象征。

Solar Impulse (瑞士)
2003
原型

215

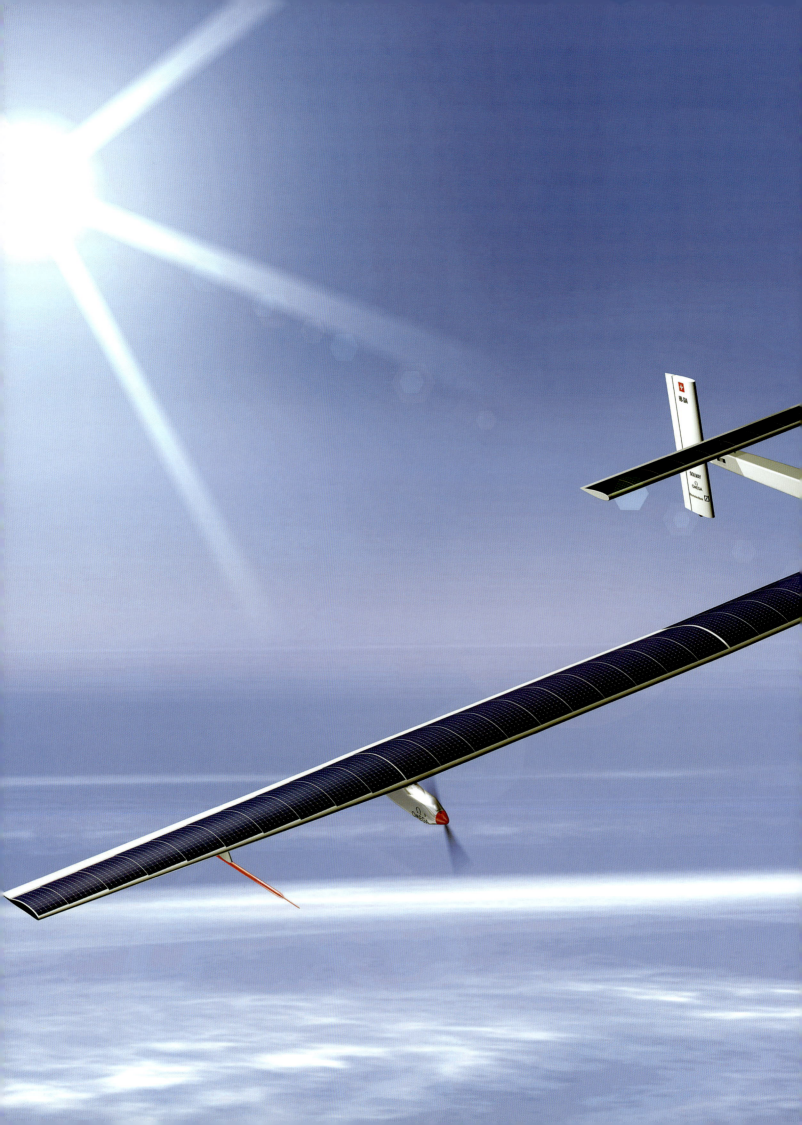

Bikedispenser

自行车租赁系统
Bicycle distribution system
Fahrradverleihsystem

In response to urban nomadism and the environmental issues related to it, Springtime came up with a service that offers a mode of rapid transit without recourse to private cars or public buses. The first automatic bicycle distribution system was installed in two Dutch cities in 2007. Through the use of a simple rechargeable prepaid card, one can withdraw a bike from a transit location like a station and return it to the dispenser when finished. The bicycles are arranged just 6.5" apart, making Bikedispenser the most compact storage system in the world. The introduction of a service that completely replaces the use of fuel transport is an important step against the main causes of pollution and city traffic.

Als Antwort auf das wachsende Bedürfnis nach freier Fortbewegung in der Stadt und den damit verbundenen Umweltproblemen entwickelte die holländische Firma Springtime eine Lösung, die auf die Benutzung von Privatautos oder öffentlichen Bussen verzichtet. Der Bikedispenser ist ein automatisches Fahrradverleihsystem und wurde 2007 erstmals in zwei holländischen Kleinstädten realisiert. Dank einer aufladbaren Fahrradverleihkarte kann das Fahrrad an Orten des öffentlichen Verkehrs wie Bahnhöfen ausgeliehen werden. Nach der Benutzung wird das Fahrrad einfach wieder in den „Automaten" abgestellt. Die Fahrräder haben einen Abstand von nur 17 cm voneinander. Bikedispenser ist dadurch das kompakteste Fahrradaufbewahrungssystem weltweit. Die Einführung einer solchen Dienstleistung, bei der keine mit Treibstoff angetriebenen Verkehrsmittel benutzt werden, ist ein wichtiger Beitrag für die Schonung der Umwelt.

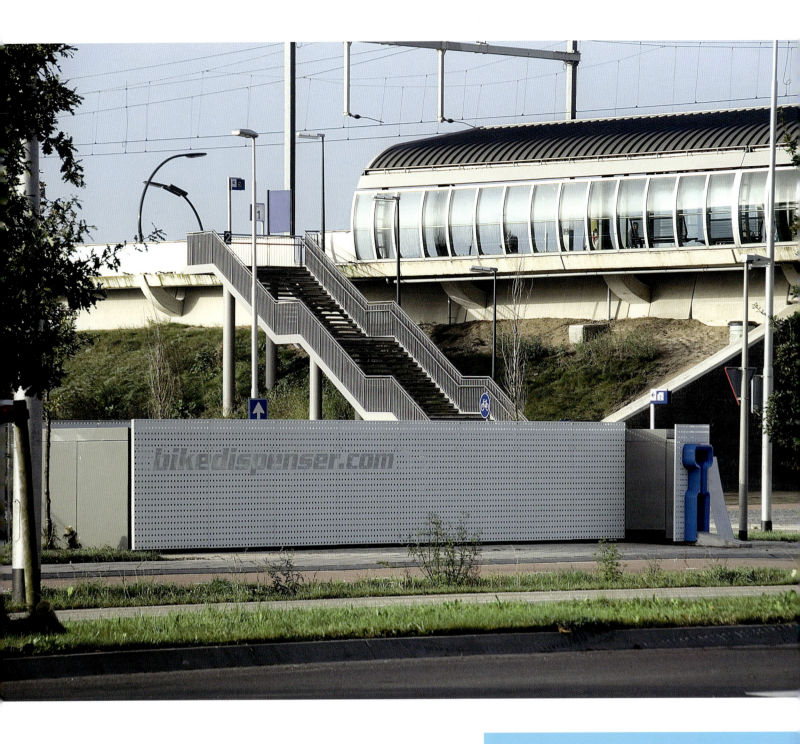

为了应对城市交通以及与此有关的环境问题,荷兰的Springtime公司设计了一个自行车租赁服务系统:向人们提供不依赖于私家车或公共交通的快速交通方式。2007年,第一个自行车自动租赁系统在荷兰的两个城市设立,人们使用一张可充值预付卡,可以很简单地从一个像站台一样的储备点取出一辆自行车,用完后还到另一个自动租赁点。Bikedispenser是世界上最紧凑的存储系统,排列好的自行车间距仅为17cm。这个完全不需要使用燃料的交通服务系统的推出,成为人们为消除污染和城市拥堵迈出的重要一步。

www.bikedispenser.com

Springtime and Post&Dekker for Bikedispenser.com BV (荷兰)
2007

服装服饰

Clothing & accessories
Bekleidung & Accessoires

简介
Introduction
Einleitung

The clothing and accessories industries are more subject to rapid and continuous change than any other. Indeed, to stay in fashion and keep up with the times, we tend to leave perfectly fine, usable clothes in the closet, simply because tastes and trends have changed.

The fashion consumer can, however, make sustainable choices without feeling out-of-style or appearing anonymous. The products selected for this chapter have precisely that intention: to show that eco-friendly clothes and accessories are every bit as good as a traditional ones. In fact, more and more major labels and fashion houses are paying attention to environmental issues (Patagonia, Adidas), while other companies have been sustainable from the beginning (I'm Not A Plastic Bag, Marbella).

The main strategies adopted by the fashion world that are shown here are dematerialization—like the reduced Dopie thong sandal that is practically just a sole—and the use of recycled materials (ornj bags and BOOTLEG) and non-synthetic materials (Eco-chic), which favor greater skin tolerance. But ecodesign also means optimizing, minimizing and directly involving the consumer, as with the idea of selling a pattern to create several different bags using the fabric of the pattern itself (Sac à faire).

The chapter is arranged by type: footwear, bags, clothing and various accessories.

Die Modebranche unterliegt schnellen und fortwährenden Änderungen. Kleider, die noch in gutem Zustand sind bleiben im Kleiderschrank hängen, einfach nur, weil sich der persönliche Geschmack oder der allgemeine Trend geändert hat.

Der Verbraucher kann jedoch eine nachhaltige Entscheidung treffen, ohne dabei das Gefühl zu haben, nicht mehr dem Trend zu folgen oder unscheinbar zu wirken. Mit den in diesem Kapitel ausgewählten Produkten soll aufgezeigt werden, dass umweltfreundliche Mode oder Accessoires der klassischen Mode in nichts nachstehen. Im Gegenteil, immer mehr Unternehmen und Modehäuser schenken dem Umweltschutz besondere Beachtung (z. B. Patagonia, Adidas), während andere von Beginn an nachhaltige Produkte entwickelten (z. B. I'm Not A Plastic Bag, Marbella).

Die wichtigsten in der Modebranche angewandten Strategien sind die Entmaterialisierung wie die Flip-Flops Dopie, die auf ein Minimum reduziert wurden und praktisch nur noch aus einer Sohle bestehen, die Verwendung von Recycling-Materialien (ornj bags und BOOTLEG) oder der Einsatz von nicht synthetischen Materialien (Eco-chic), die eine bessere Hautverträglichkeit bieten. Ökologisches Design bedeutet aber auch Optimierung, Minimierung und die direkte Einbeziehung der Käufer, wie z. B. bei Sac à faire, wo das Schnittmuster gleichzeitig der Stoff für die Herstellung von mehreren Taschen ist.

Das Kapitel enthält folgende Typologien: Schuhe, Taschen, Kleidung und Accessoires.

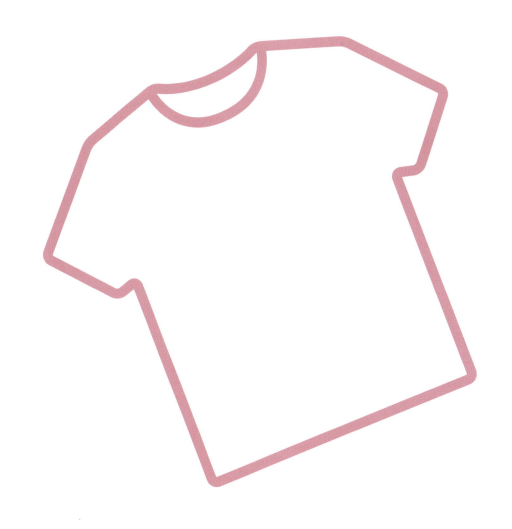

与其他产业相比，服装服饰产业更加多变。实际生活中，我们为了跟上时尚的脚步不落伍，总是把仍然完好、实用的衣服丢在衣橱里，只是因为时尚的潮流和品味发生了变化。

然而，时尚消费者们还是能够做出有利于环保的选择而并不感觉过时或没有个性。本章所选择的产品就准确地传达了这样的信息：生态友好型的服饰在各个方面都与传统意义上的服饰一样优秀。事实上，正在有越来越多的大品牌和时装公司开始关注与环保相关的题材 [像巴塔哥尼亚（Patagonia）、阿迪达斯]，还有一些公司从一开始就将环保理念注入产品（如 I am not a plastic bag 和 Marbella 品牌）。

这里所展示的时尚产品主要采用了去物质化策略——如极简的 Dopie 人字拖鞋，以及使用高皮肤耐受性的可循环材料（如 ornj 包和 BOOTLEG 皮带）和非合成材料（如 Eco-chic 高级女装）。生态设计还意味着设计的优化、体量最小化，以及让消费者亲身参与，就像 Sac à faire 所做的那样，只销售一种带有图样的布料，而它可以被做成多种样式的包。

本章可分为如下类型：鞋类，包类，衣物以及其他饰品。

Crocs

适合任何季节的鞋
Shoes for every season
Schuhe für jede Jahreszeit

Often it is not the material that makes a product sustainable but its use, or even its reuse. This is the case with Crocs, which are made entirely of Croslite, a resin patented expressly for this purpose. On the one hand, the use of just one material minimizes cost and waste. On the other hand, their flexible structure allow Crocs to turn into winter footwear with the simple insertion of special padding. Parts can be substituted individually if needed, without having to throw the whole shoe away. Indeed, Crocs have become a cult object. Not only are they exceptionally lightweight, sturdy and odor-resistant, but they also respond to the comfort and health needs of the foot. With SolesUnited, the manufacturing company also came up with a way for Crocs to be recycled. Through this unique program, used footwear is collected and reused as the main material for a new production of shoes, which in turn are distributed throughout developing countries.

Oft ist es nicht das Material, das einem Produkt Nachhaltigkeit verleiht, sondern vielmehr die Verwendung bzw. Wiederverwendung. Dies ist der Fall bei Crocs, die vollkommen aus Croslite bestehen, einem exklusiv für Crocs patentierten Harztyp. Bei Produkten, die nur aus einem einzigen Material bestehen, sind die Kosten der Herstellung und die Abfallmengen sehr gering. Zudem können Crocs dank ihrer flexiblen Struktur einfach durch Einsetzen eines entsprechenden Futters in Winterschuhe verwandelt werden. So können die Teile, aus denen der Schuh besteht, einzeln ausgetauscht werden, ohne dass man gleich den ganzen Schuh wegwerfen muss. Crocs sind innerhalb kurzer Zeit zum Kultobjekt geworden. Sie sind besonders leicht, widerstandsfähig und bilden keine unangenehmen Gerüche. Sie entsprechen den Komfort- und Gesundheitsbedürfnissen der Füße. Erwähnenswert ist ein besonderes Projekt der Herstellerfirma zur Wiederverwertung der Crocs: SolesUnited. Die getragenen Crocs werden eingesammelt und als Rohstoff für die Schuhproduktion wieder verwendet. Diese neu hergestellten Schuhe werden dann in Entwicklungsländern verteilt.

通常情况下,并不是产品所用的材料,而是产品的使用或再利用使产品具有可持续性。采用名为 Croslite 的专利树脂制成的 Crocs 鞋就是最好的案例:一方面,整双鞋仅使用一种材料有助于降低成本、减少浪费;另一方面,Crocs 结构灵活,只要简单地装上特制的鞋垫就可以在冬天穿着;鞋的各个部分必要时还可以部分更换而不必整只鞋丢弃。实际上,Crocs 受到狂热追捧,不仅是因为特别轻便、结实、防臭,还因为穿着非常舒适,有利于足部的健康。该制造公司还回收 Crocs,将旧鞋再利用作为生产新鞋的主要材料,制成再生鞋,再通过国际组织和慈善机构分发给发展中国家有需要的人。

www.crocs.com

Crocs (美国)
2004

226

Dopie

可回收的凉鞋
Recyclable thong sandal
Recycelbare Flip-Flops

Dopie's design key-word is essentiality. The very concept of the thong, itself a reduced form of footwear, has been re-devised and is even further exemplified by its main components: the strap and the sole. Indeed, the latter is refolded to create the thong itself, which acts to protect and block the foot. The strap is inserted into two slits in the sole, thereby simplifying the recycling of both components. Dopie shoes are made with a minimal use of resources and a recyclable material—ethylene-vinyl-acetate (EVA)—apart from the Velcro used to adjust the strap.

Das Schlüsselwort beim Design von Dopie lautet: Minimalismus. Das reduzierte Konzept der traditionellen Flip-Flops wurde hier überarbeitet und bei den Hauptbestandteilen Riemen und Sohle noch minimalistischer ausgeführt. Die Sohle wurde so geformt, dass sie von den ersten beiden Zehen gehalten wird. Diese Falte sorgt gleichzeitig für den Schutz und die Stabilität des Fußes. Der Riemen wurde durch zwei Schnitte in die Sohle eingesetzt. Auf diese Weise wird das Recycling der beiden Bestandteile vereinfacht. Dopie werden mit einem Mindestaufwand an Ressourcen und aus dem Kunststoff EVA (Ethylenvinylacetat) hergestellt. Daneben wird nur noch ein Klettverschluss zur Einstellung des Riemens benötigt.

　　Dopie 设计的关键词就是"回归本来"。这款持极简概念的人字拖，曾经反复修改，甚至鞋带和鞋底都做了深入的实验。将鞋底部分向上折叠形成夹趾部分，以保护和固定脚部，皮带插入鞋底的两个狭缝，使两个部分的再循环都非常简单。Dopie 不仅用最少的原材料制成，而且还采用了可再生材料——乙烯-醋酸乙烯共聚物，一种简称 EVA 的橡胶——以及尼龙搭扣用于调整鞋带。

www.terraplana.com

Dopie for Terra Plana（英国）
2008

F50 Tunit

模块化足球鞋
Modular soccer shoes
Modulare Fußballschuhe

Adidas took the occasion of the 2006 World Cup to create the first modular soccer shoe. Consisting of three elements (chassis, upper and studs), the F50 Tunit was produced for a limited edition of 32 versions, one for every participating country in the championship. Each of the three parts was fully optimized: the chassis is more lightweight, with significantly less material, and it was carefully conceived to cushion impact at the points of greatest pressure (heel and ball); the upper guarantees good perspiration and cooling; and the removable studs allow for one base pair of shoes to be changed according to the conditions of the game. Indeed, with a totally flexible design, the F50 Tunit can be easily personalized.

Im Rahmen der Fußballweltmeisterschaft 2006 entwarf Adidas den ersten modulierbaren Fußballschuh. Dieser besteht aus drei Modulen: Chassis, Schaft und Stollen. Das Modell F50 Tunit wurde als limitierte Edition in 32 Versionen hergestellt, eine für jedes Teilnehmerland. Alle drei Module wurden aufs Höchste optimiert: das Chassis ist leichter, da die verwendete Materialmenge auf ein Minimum reduziert wurde. Es soll insbesondere die Druckpunkte an empfindlichen Stellen wie Ferse und Vorderfuß dämpfen; der Schaft gewährleistet einen guten Luftdurchlass und gute Kühlung, während die abnehmbaren Stollen die Anpassung an die verschiedenen Spielbedingungen ermöglichen. Durch das flexible Design kann F50 Tunit den Bedürfnissen seines Trägers optimal angepasst werden.

阿迪达斯在2006年世界杯期间展示了它的第一双模块化足球鞋，F50 Tunit限量款有32个版本，每款代表一个世界杯参赛国。这双鞋由三个部分组成：鞋底、鞋帮和鞋钉，三个部分都经过全面的优化，鞋底通过大量减少材料减轻重量，并且精心设计了缓冲垫保护压力最大的脚跟部和脚掌，鞋帮面料吸汗、透气，同一双鞋可以根据不同的比赛需要变换鞋钉。这种灵活的设计使F50可以更好地满足个性化需求。

adidas AG (德国)
2006

230
Sugar & Spice
模块化的鞋
Modular shoes
Zusammensetzbare Schuhe

Sugar & Spice is a sustainable product for two reasons. First, versatility: the shoes consist of four modules that are inserted into one another like a series of Chinese boxes, and they can be worn with or without the outsole. Second, choice of materials: 70% natural latex rubber for the outsole, 15% recycled EVA (polyethylene vinyl acetate) for the footbed, and pigskin leather for the upper. Unlike other modular shoes on the market, Sugar & Spice's four parts are sold separately in case of damage. The Patagonia homepage also reports all the data on the emissions generated and the materials used for its many intelligently designed shoes.

Die Nachhaltigkeit beim Freizeitschuh Sugar & Spice zeigt sich in der sorgfältigen Auswahl der Materialien und in der Vielseitigkeit. Er besteht aus vier Einzelteilen, die ineinander gefügt werden und auch ohne den Außenschuh getragen werden können. Als Materialien wurden 70% pflanzliches Gummi, 15% Recycling-EVA (Ethylenvinylacetat) für die Sohle und Schweineleder für das Obermaterial verwendet. Im Gegensatz zu anderen zusammensetzbaren Schuhen auf dem Markt können die einzelnen Elemente von Sugar & Spice separat gekauft werden, falls eines kaputt sein sollte. Wer weitere Informationen erhalten möchte, findet auf der Webseite von Patagonia alle Daten zu den Emissionen und den verwendeten Materialien.

www.patagonia.com

Sugar&Spice 成为环保产品有两个方面的原因：首先是功能多样，鞋子由四个模块组成，能像中国盒子一样相互组合，穿着时可穿也可不穿外层鞋底；其次，在材料的选择上，外层鞋底70%是胶乳橡胶，内层鞋底的15%是可再生的EVA橡胶（乙烯-醋酸乙烯共聚物），鞋帮用猪皮制作。和市场上其他模块化鞋子不同的是，Sugar&Spice 的四个模块可以分开销售以满足顾客更换不同部分的需求。Patagonia设计公司的主页公布了他们精心设计的很多鞋的碳排放数据以及所使用的材料。

Deborah Andersen for Patagonia Footwear (美国)
2006

232
BUCCIA

可转换的包
Convertible bags
Platzsparende Taschen

www.mhway.it

Makio Hasuike for MH WAY (意大利)
2004

Just by opening the large zipper of a BUCCIA bag, briefcase or knapsack, it converts into a flat sheet. This way, it takes up hardly any space when stored and not in use. The bags are made of lightweight materials (polyester and foam polyethylene) and special care was taken in the details of critical points like the handles, which are made of leather for extra durability. With BUCCIA, the company's designer and founder Makio Hasuike wanted to create something that was fully in tune with his philosophy, a line of aesthetically pure and flexible objects whose most obvious decorative element is, precisely, the zipper.

Durch einfaches Öffnen des Reißverschlusses werden die verschiedenen Modelle der Produktlinie BUCCIA in eine flache, zweidimensionale Form verwandelt. Auf diese Weise können sie, wenn sie nicht gebraucht werden, ohne großen Platzbedarf verstaut werden. Die Produkte, die aus Polyester und geschäumten Polyethylen bestehen, wurden mit einem besonderen Auge für Details entwickelt. Um Risse an stark beanspruchten Stellen, wie z. B. dem Handgriff, zu vermeiden, werden diese aus Leder gefertigt. Mit BUCCIA wollte Makio Hasuike, Designer und Gründer der Firma, in völligem Einklang mit seiner Philosophie eine Produktreihe entwickeln, die ästhetisch rein und flexibel sein sollte und auffälligstes Element eben der Reißverschluss ist.

拉开BUCCIA的袋子、公文包或背包的大拉链，它就变成了平滑的床单，这使BUCCIA包在存放或不用时几乎不占什么空间。这些包由轻质材料（涤纶和聚乙烯泡沫）制成，一些关键细节经过精心设计，如包的提手采用了皮革材料使其更加耐用。公司的首席设计师和奠基人莲池槙郎（Makio Hasuike）通过设计BUCCIA包来充分传达了他的设计理念：具有单纯的美和灵活的使用方式，仅有的装饰元素就是拉链。

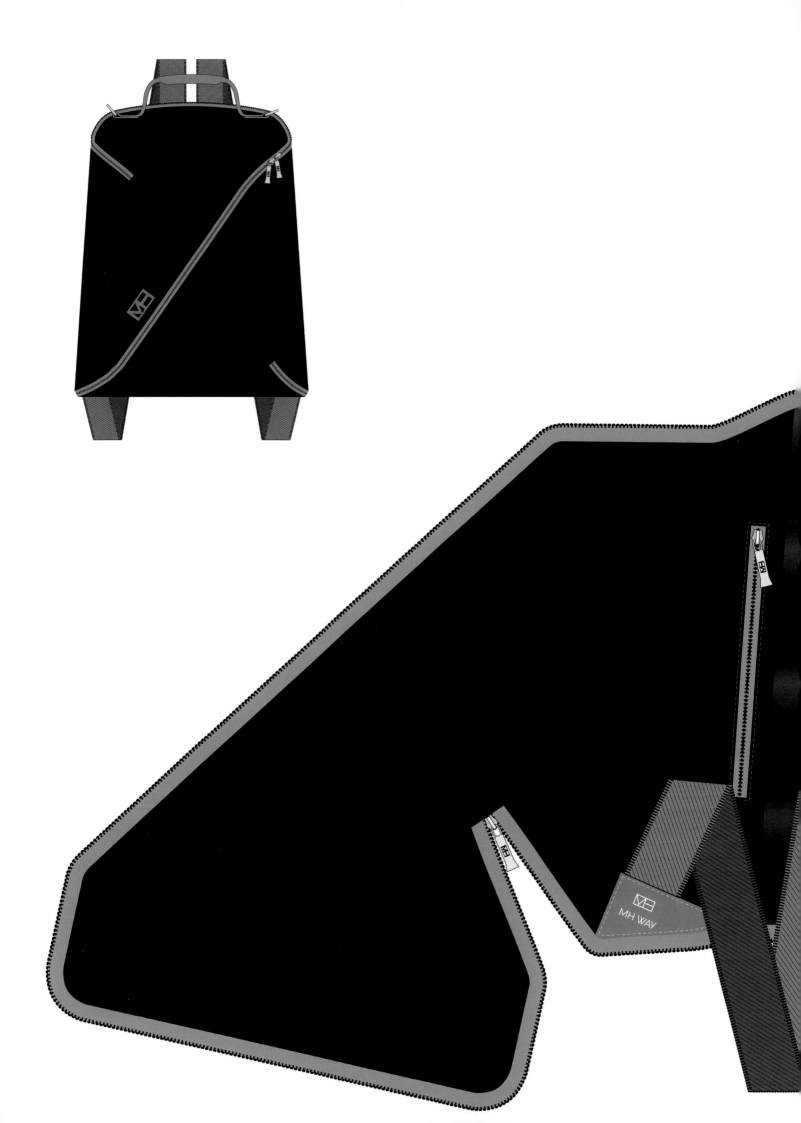

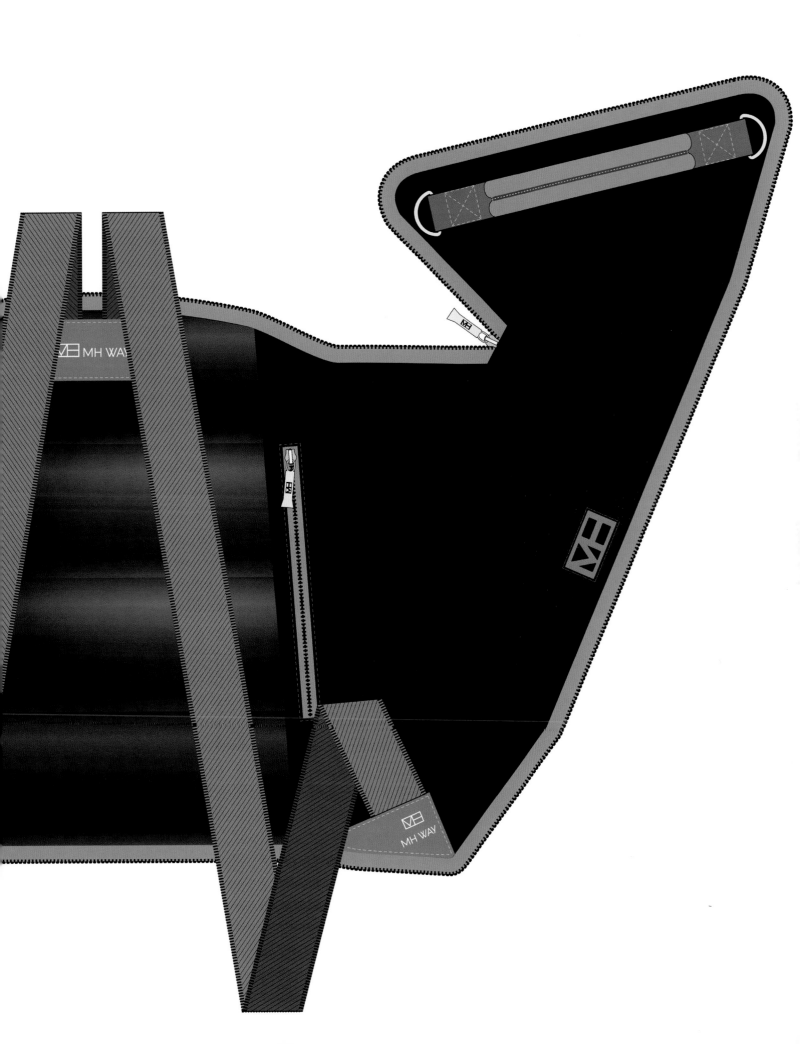

我不是一个塑料包

棉质购物袋
Cotton shopping bag
Stofftasche

I'm NOT A Plastic Bag was the first shopping bag made entirely of cotton and as such is a cult object that opened the way to a series of bags in natural materials. The redundancy of the printed message is purposefully provocative. The simple affirmation of what the bag is not is meant as an admonishment for people to use shopping bags made of biodegradable or reusable materials rather than plastic and thereby reduce their negative impact on the environment. Considering that 170 plastic bags per capita are discarded each year, the trend promoted by this shopping bag is a remarkable result.

I'm NOT A Plastic Bag ist die erste Einkaufstasche, die vollkommen aus Baumwolle hergestellt wurde. Sie zählt zu den Kultobjekten der Ökobewegung und hat den Weg für Naturfaser-Taschen geebnet. Das aufgedruckte Motto ist gewollt provozierend: die einfache Aussage darüber, was die Tasche eben nicht ist, will dazu auffordern, keine Plastiktüten mehr zu verwenden, sondern Tüten, die biologisch abbaubar sind oder aus wieder verwertbaren Materialien bestehen. Dadurch können die Auswirkungen auf die Umwelt deutlich vermindert werden. Wenn man bedenkt, dass pro Person etwa 170 Plastiktüten pro Jahr die Umwelt belasten, setzt dieser durch den Shopper lancierte Trend ein wirkungsvolles Zeichen.

"我不是一个塑料包（I'm Not A Plastic Bag）"是第一个使用全棉材料的购物包，人们的追捧带动了一系列其他品牌的包采用天然材料。貌似多余的印刷信息则是刻意为之。这种显而易见的声明是提醒人们应使用可降解材料或可再循环材料制成的购物袋，而不应使用塑料袋，从而减少对环境的负面影响。考虑到现在每年人均丢弃170个塑料袋的现状，这个购物袋所提倡的环保理念是很了不起的。

www.anyahindmarch.com

Anya Hindmarch (英国)
2007

MARBELLA

材料可回收的包
Recycled-material bags
Taschen aus Recycling-Material

www.demano.net

Meck Osten for demano (西班牙)
2006

Demano products have become international cult objects that are helping raise awareness about environmental themes in a creative way, especially for the younger public. Founded in Barcelona in 1998, Demano was one of the first companies to actually pay attention to ecological problems. It all started after three Brazilian women noticed the great number of advertising posters around the Spanish city and decided to create bags using colored PVC rectangles. Following the success of the first models, they added new materials: scraps from local textile companies, old umbrellas and polyester—pretty much anything that would otherwise be destined for the dump. With charming shapes and skilful color combinations, Demano has given life to a vibrant line of sustainable design accessories.

Demano-Produkte sind internationale Kultobjekte. Sie sensibilisieren auf kreative Weise vor allem das jüngere Publikum für Umweltfragen. Demano wurde 1998 in Barcelona gegründet und gilt als eines der ersten Unternehmen, das sich eingehend mit Umweltproblemen beschäftigte. Die drei brasilianischen Gründerinnen bemerkten die großen Mengen an Werbebannern, die in der spanischen Stadt ausgehängt wurden. Aus diesen farbigen PVC-Rechtecken fertigten sie Taschen. Nach dem Erfolg der ersten Modelle kamen neue Materialien hinzu wie z. B. Abfallprodukte aus der Textilindustrie, alte Regenschirme und Polyester, bzw. all jene Materialien, die sonst auf den Müllhalden gelandet wären. In der Folgezeit entwarf Demano eine ganze Reihe von Accessoires mit ansprechenden Formen und Farbkombinationen, die dem Prinzip der Nachhaltigkeit von Ökodesign entsprechen.

　　Demano 公司的产品因其能够以创新性的设计唤起人们特别是年轻人的环保意识而受到国际性的追捧。1998 年 Demano 在巴塞罗那创建，是一家真正关注生态问题的公司。最初是三位巴西女性注意到西班牙城市里大量的广告招贴，继而设计了用五颜六色的 PVC 方块拼接的包。在第一件作品取得成功之后，她们尝试增加了新的材料：当地纺织品公司生产中废弃的边角料、旧雨伞和聚酯等——几乎都是应该运往垃圾场的东西。通过迷人的外形和巧妙的颜色搭配，Demano 为服饰的环保设计注入了活力。

Ornj包

工业材料包
Industrial-material bag
Tasche aus Industriematerial

These days, the recycling of industrial materials for the production of accessories is all the rage. For its part, ornj created a fun, modern line of bags out of the colored plastic fences used on construction sites. Like other materials of this type, these fences were doomed to be discarded once their primary, short-lived function had ceased, regardless of their durability. Noting the user-friendliness and high performance of the material, designer David Shock decided to use it to create a laundry bag. The project was so successful that he has since repeated it for three more models in a recent line. ornj has received increasing requests for products like this, which are made with recycled materials and offer lasting resistance while still respecting aesthetics, fully in tune with the times.

Das Recycling von Industriematerial zur Herstellung von Modeaccessoires liegt im Trend. Für ornj wurden orangefarbene Plastikzäune, die von Baustellen bekannt sind, für eine ansprechende und moderne Taschenkollektion wieder verwendet. Wie bei anderen ähnlichen Materialien steht diesen Absperrzäunen, nachdem sie ihre Funktion erfüllt haben, nur noch ein kurzes Leben vor ihrer Entsorgung bevor – ungeachtet des robusten und langlebigen Materials. Der Designer David Shock nutzte die einfache Verwendung und die vielen verschiedenen Möglichkeiten, die das Material bot. Nach dem erfolgreichen Entwurf eines Wäschekorbs griff er wieder auf dieses Material zurück, um drei Modelle einer neuen Produktreihe herzustellen. Die Nachfrage nach Produkten aus wieder verwerteten Materialien, die beständig sind, ohne dabei den ästhetischen Aspekt zu vernachlässigen, nimmt immer weiter zu.

这段时间以来，时尚界采用可再循环的工业材料制作服饰风行一时。Ornj包就是运用建筑工地常用的彩色塑料条设计出的具有现代风格的包袋。这些塑料与其他同类型的材料一样，尽管具有良好的耐用性，但通常在其最初的功能一旦完成就被遗弃。设计师戴维·肖克（David Shock）注意到这些材料的性能，决定用来制作洗衣袋。设计大获成功，以至于他为此又设计了三个款式形成了一个产品系列。Ornj包系列不断收到订单，这些包都有一些共同点：用耐用的可再循环材料制成，同时从审美角度来看，充满时代气息。

www.ornjbags.com

David Shock for davidshockdesigns (美国)
2008

Sac à faire
DIY 包
DIY bags
Do-it-yourself-Tasche

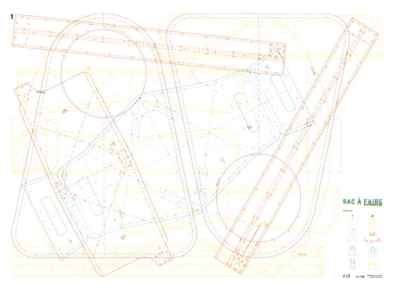

The ready-to-wear and the do-it-yourself come together in the Sac à faire. Born as the thesis project of a young Austrian designer, the Sac à faire is a veritable craft kit for making bags that consists of just one diagram and ten patterns. Its originality lies in the fact that there is no need to buy separate materials, since the bags are made with the fabric of the diagram itself. This synthetic material, HDPE (high-density polyethylene), seems almost like paper and is easy to fold and sew. It also has what it takes to last, as it is extremely sturdy, waterproof, washable and iron-friendly. "Wear it proudly, because you made it yourself!" says the website, underlining the benefits of self-production, not least of which is the advantage of reducing the financial and environmental waste of unsold objects.

Sac à faire vereint erstmals die Konzepte Prét-à-porter und Do-it-yourself. Der Do-it-yourself-kit für Taschen entstand zunächst als Doktorarbeit der jungen österreichischen Designerin Marlene Liska und enthält Skizzen von zehn verschiedenen Modellen. Die Besonderheit dabei ist, dass kein Stoff separat gekauft werden muss, da die Taschen aus dem Material, auf dem sich die Skizzen befinden, hergestellt werden können. Dieses synthetische Material HDPE (Polyethylen hoher Dichte) ähnelt Papier und lässt sich sehr leicht falten und nähen. Außerdem besitzt es alle Eigenschaften, um eine lange Lebensdauer des Produktes zu gewährleisten: es ist robust, wasserundurchlässig, waschbar und bügelbar. „Wear it proudly, because you made it yourself!" besagt die Webseite. Dieses Motto unterstreicht die Vorteile der Eigenherstellung kostengünstig und umweltfreundlich.

www.sacafaire.net

sac à faire 包是一位年轻的奥地利设计师的作品，同时提供制成品和DIY两种形式供顾客选择。Sac à faire 由一个加工示意图和十种款式的图样组成，是名副其实的工艺品。它的独特创意在于：消费者不需要另外购买材料，加工示意图本身就是袋子的布料。这种合成材料 HDPE（高密度聚乙烯），看上去像纸一样，非常易于折叠和缝纫，而且坚固、防水、易洗以及易熨，因而非常耐用。该网站宣传说："骄傲地背上它，因为这是你自己做的！"。顾客 DIY 的优点中，值得一提的就是减少了因为产品卖不出去而造成的经济浪费和对环境的影响。

Marlene Liska (奥地利)
2006

248
Solar Beach Tote

安装有太阳能电池板的沙滩包
Solar-paneled beach bag
Solar-Strandtasche

The Solar Beach Tote is a beach bag that can also recharge electrical appliances. The thin solar panel on the front of the bag is composed of 52 micro cells that accumulate energy. Through a socket on the side, the bag can recharge the battery of a common cell phone in 2-4 hours. The bag is made entirely of recycled PET, which makes it both waterproof and environmentally-friendly. The company is in fact especially careful about environmental costs and only uses materials that come from Texas or North Carolina, where its factories are located. The Solar Beach Tote is therefore an interesting response to multiple ecodesign criteria.

Solar Beach Tote ist eine Strandtasche, die elektrische Geräte aufladen kann. Eine dünne Schicht aus 52 Solarzellen speichert die Sonnenenergie. Über den auf der Seite angebrachten Stecker können so handelsübliche Handys in 2 bis 4 Stunden aufgeladen werden. Die Tasche besteht ausschließlich aus recyceltem PET, das ihr gleichzeitig Wasserundurchlässigkeit verleiht. Die Auswirkungen auf die Umwelt sind bei diesem Produkt besonders gering. Schon bei der Auswahl des Recycling-Materials bewies das amerikanische Herstellerunternehmen besondere Sensibilität für Fragen des Umweltschutzes. Es werden ausschließlich Materialien aus Texas und North Carolina benutzt, wo sich auch die Produktionswerke befinden. Solar Beach Tote erfüllt verschiedene Kriterien von Ökodesign.

Solar Beach Tote 是可以作为充电器的沙滩包。沙滩包正面安装了由 52 块微型电池板组成的太阳能板能够吸收太阳能,通过侧面的一个接口,可为手机电池充电,电量可使用 2～4 小时。这个包完全由可回收的聚酯塑料制成,既防水又环保。设计公司非常注意环境成本,只使用来自自己工厂所在地得克萨斯州或北卡罗来纳州的材料。因此 Solar Beach Tote 是满足多重生态设计标准的有趣作品。

www.rewarestore.com

Reware (美国)
2006

Eco-chic
高级女装与可持续发展
Haute couture and sustainability
Haute Couture und Nachhaltigkeit

www.gattinoni.net

Guillermo Mariotto for Gattinoni (意大利)
2008

With the 2008 spring-summer collection, high fashion became the mouthpiece of the eco-friendly world. Venezuelan couturier Guillermo Mariotto, creative director of Italian fashion house Gattinoni, presented 43 designs on the runway created with natural, biodegradable and recycled materials. Among the pieces in the collection, Bio-sposa, a wedding dress, merits particular attention for its use of PLA fiber, a derivative of cornstarch. The particularly luminous reflections of the garments created this way and the design, in no way inferior to clothes made of traditional textiles, make the aesthetic potential of this type of resource obvious. The message speaks for itself: even the high-fashion world can actively participate in protecting the environment and call upon its customers to buy mindfully and consciously.

Bei den Modenschauen Frühjahr/Sommer 2008 standen die Modelle der Haute Couture ganz im Zeichen der Umweltverträglichkeit. Der venezolanische Designer Guillermo Mariotto, Creative Director des italienischen Modehauses Gattinoni, präsentierte auf dem Laufsteg 43 Modelle aus natürlichen, biologisch abbaubaren und recycelten Materialien. Unter den Kollektionsmodellen verdient das Hochzeitskleid Bio-sposa besondere Beachtung. Es wurde aus einer aus Maisstärke gewonnenen Kunststofffaser (PLA) gefertigt. Die besonderen Lichtreflexe dieser Entwürfe und das Design, das Kreationen aus klassischen Stoffen in nichts nachsteht, haben das ästhetische Potential dieser innovativen Materialien aufgezeigt. Die Botschaft dabei spricht für sich selbst: auch Haute Couture kann aktiv zum Umweltschutz beitragen, und die Kunden dazu anregen, aufmerksamer und bewusster einzukaufen.

随着2008年春夏发布会的举行，高级时装已俨然成为环保的代言人。委内瑞拉女装设计师吉列尔莫·马里奥托（Guillermo Mariotto）为意大利高档时装品牌Gattinoni设计的43款礼服都采用了天然材料、可生物降解材料和可循环材料制作。其中一款婚纱礼服Bio-sposa因为使用了一种玉米淀粉的提取物——PLA（聚乳酸）纤维而吸引了特别的注意。这种布料的特殊光泽绝不逊色于传统织物制作的服装，其美学潜力是毋庸置疑的。这种设计传达出了一个信息：即使是高级时装界也能积极地参与到保护环境、影响客户消费意识的行动中。

天然与未来®

服装生产线
Clothing line
Kleiderkollektion

Because of the use of dyes and highly-valued animal furs and skins, and the ways that new-generation technical textiles are produced, the fashion industry, like others, can have negative consequences on the environment. There are also the ethical questions regarding the working conditions in some areas of the world where products are made. naturevsfuture® is a collection of clothes made mainly from natural and secondary materials from urban or manufacturing waste. In addition to the classic wool and organic cotton, there is also hemp, soy, bamboo, SeaCell® and lyocell (obtained from algae and cellulose respectively), and Ingeo, a derivative of corn. The choice of materials is based exclusively on the sensorial and functional characteristics required by the item of clothing.

Wie viele andere Bereiche wirkt sich auch die Modebranche negativ auf die Umwelt aus, z. B. durch die Anwendung bestimmter Färbemittel, durch die Verarbeitung von Leder und Pelzen und die damit verbundene Bedrohung einiger Tierarten, sowie durch die Produktionsverfahren bei der Herstellung modernster Textilien. Hinzu kommen ethische Fragen in Bezug auf die Arbeitsbedingungen in einigen Produktionsländern. Die Kollektion naturevsfuture® verwendet vor allem natürliche Materialien oder Sekundärmaterialien. Neben den klassischen Fasern Wolle und Bio-Baumwolle wurden vor allem folgende Rohstoffe eingesetzt: Hanf, Soja, Bambus, SeaCell® und Lyocell, die aus Algen bzw. Zellulose gewonnen werden und schließlich die aus Mais hergestellte Ingeo-Faser. Die Wahl des Materials erfolgte ausschließlich nach sensorischen und funktionalen Kriterien, die das Kleidungsstück erfüllen soll.

由于使用染料和珍贵的动物皮毛、新一代纺织品等原因，时装业与其他工业领域一样，都对环境产生了负面影响，针对时装业的指责还有对某些时尚产品产地工作环境的质疑。天然与未来®的服装主要采用天然材料和制造厂的边角料，除了传统的羊毛和有机棉花，还有麻、大豆纤维、竹纤维、海藻纤维和莱赛尔纤维（分别是从藻类和纤维中提取的），以及Ingeo，一种玉米纤维，并依据衣服设计的风格和实用性进行材料的选择。

www.naturevsfuture.com

Nina Valenti for naturevsfuture® (美国)
2002

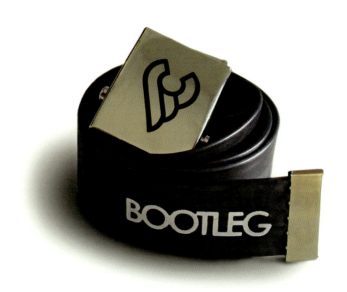

258
BOOTLEG
内胎皮带
Inner-tube belt
Gürtel aus einem Fahrradschlauch

The re-use potential of materials in the accessories industry is becoming increasingly evident, giving life to new combinations. Old bicycle inner tubes, for example, were the inspiration for Italian designer Dario Toso's BOOTLEG belts. The inner tubes are collected directly from resellers and reconditioned, at which point they are ready for a second life cycle. Even the logo's printing on the belt buckles with the use of low-impact water-based ink was conceived in terms of sustainability. BOOTLEG was originally a do-it-yourself object that spread across the internet as an open-source project. Just by following the instructions and buying the buckle, you can make the belt you like and learn the value of reuse at the same time.

Recycelte oder wieder verwendete Materialien zur Gestaltung von Modeaccessoires werden immer beliebter und führen zu immer neuen Synergien. Im Fall der BOOTLEG-Gürtel inspirierte sich der Designer Dario Toso an alten Fahrradschläuchen. Die Schläuche werden direkt bei den Händlern eingesammelt und können nach der Aufbereitung für einen neuen Verwendung eingesetzt werden. Nachhaltigkeit spielte auch beim Logo auf der Gürtelschnalle eine wichtige Rolle: es besteht aus umweltfreundlicher Farbe auf Wasserbasis. BOOTLEG entstand ursprünglich als Do-it-yourself-Objekt, das im Internet als Open-Source-Projekt angeboten wurde. Mit dem Kauf der Schnalle und unter Beachtung der Anleitungen konnte man seinen Wunschgürtel kreieren und dabei direkt den Wert der Wiederverwendung erkennen.

www.bootleg.it

服饰产品领域采用可再利用材料的潜力正日渐显现，也激发出许多新的材料利用的创意，例如意大利设计师达里奥·托索（Dario Toso）就受到旧的自行车内胎的启发，设计了BOOTLEG。其采用的内胎都是直接从经销商那儿获得的修补好的旧胎，甚至皮带扣上的标志都是基于环保理念采用了对环境影响较小的水基墨水印制的。BOOTLEG是作为一个开放式的设计放在互联网上销售的DIY产品，你只要购买皮带扣，按照说明就可以制作自己喜欢的皮带，深刻地体现了材料再利用的价值所在。

Dario Toso for Cinelli - Gruppo S.p.a. (意大利)
2008

260
ic! berlin
全钢制眼镜
All-steel glasses
Sonnenbrille aus Federstahl

ic! berlin offers a line of sun and eye glasses for men, women and children with a unique and ingenious design. The frames that have made them famous are made entirely out of steel. Their parts clasp together, without the use of glue or screws, which means they are perfectly recyclable. The flexibility of the material also makes them practically indestructible. Cut from a 0.02"-thick steel plate, the glasses are slender and ultra-lightweight. This innovative technology has helped to produce a line that is "simple and nude, sexy because it's extremely intelligent and functional," as defined by the team that created it. Because of the ergonomic design, the glasses can be adapted to the features of the face for maximum comfort. They can also be personalized with a vast array of interchangeable temples.

ic! berlin bietet eine Linie von Sonnen- und Sehbrillen für Männer, Frauen und Kinder mit einem einzigartigen und genialen Design. Die Rahmen – das Markenzeichen von ic! Berlin – bestehen allein aus Federstahl. Sie werden durch ein patentiertes Stecksystem zusammengesetzt, ohne die Verwendung von Klebstoff oder Schrauben. Dank der Flexibilität des Materials sind die Brillen praktisch unzerstörbar und äußerst langlebig. Die durch Wasserstrahltechnik aus einer 0,5 mm dünnen Stahlplatte geschnittenen Brillen sind dünn und ultraleicht. Diese Technologie ermöglichte die Herstellung einer durch das Entwicklerteam wie folgt definierten Produktreihe: „eine einfache und nackte aber auch sinnliche Linie, weil sie extrem intelligent und funktionell ist". Die Brillen sind ergonomisch, da sie sich an die Gesichtszüge anpassen und maximalen Komfort bieten.

ic!berlin 是一个为男士、女士和儿童设计的太阳镜和眼镜系列，具有独特巧妙的设计，以框架全部钢制而闻名。眼镜的各部分扣在一起，不用任何胶粘剂或螺钉，这意味着整个眼镜都是可以回收再利用的。材料的选择还使这些眼镜异常结实：Ic!Berlin 用 0.5 毫米厚的钢板切制，非常纤细、质轻。设计研发团队表示，Ic!Berlin 采用的技术使其"实用、简洁、无装饰和性感"。此外，合理的人体工学设计，使 Ic!Berlin 可以适用于各种脸型而且佩戴舒适。ic!berlin 还可以通过一系列可相互替代的零件而实现个性定制。

www.ic-berlin.de

Ralph Anderl, Kathrin Schuster,
Bernhard Schwarzbauer for ic! berlin (德国)
2008

Sushehat

可变化的帽子
Transformable hat
Vielseitiger Hut

Asian style is the inspiration for both the form and packaging of Sushehat. Designed by Peter De Vries for a 2003 exhibition on the Japanese Empire in Hamburg, this hat can take on a full nine different shapes simply by folding the edges and tying the bow. The hat's materials consist of paper mixed with hemp, cotton, boiled wool and velour-felt. The packaging, much smaller than a normal hat box, is printed with instructions on how to create the nine models. While it may only have one function, Sushehat is an accessory that can be endlessly changed and renewed.

Sushehat lehnt sich sowohl beim Namen als auch bei seiner Verpackung an den asiatischen Stil an. Der Hut wurde 2003 von Peter De Vries im Rahmen einer Ausstellung über das Japanische Kaiserreich in Hamburg vorgestellt. Durch einfaches Falten und Umschlagen kann der Hut neun verschiedene Formen annehmen. Die verwendeten Materialien sind gemischtes Hanfpapier, Baumwolle, Samt und Filz. Auf der Verpackung, die gegenüber herkömmlichen Hutschachteln in der Größe stark reduziert wurde, ist die Anleitung für die verschiedenen Trageversionen aufgedruckt. Obwohl die Funktion immer die eine bleibt, verwandelt sich Sushehat in ein vielseitiges Accessoire, das immer wieder auf neue Weise benutzt werden kann.

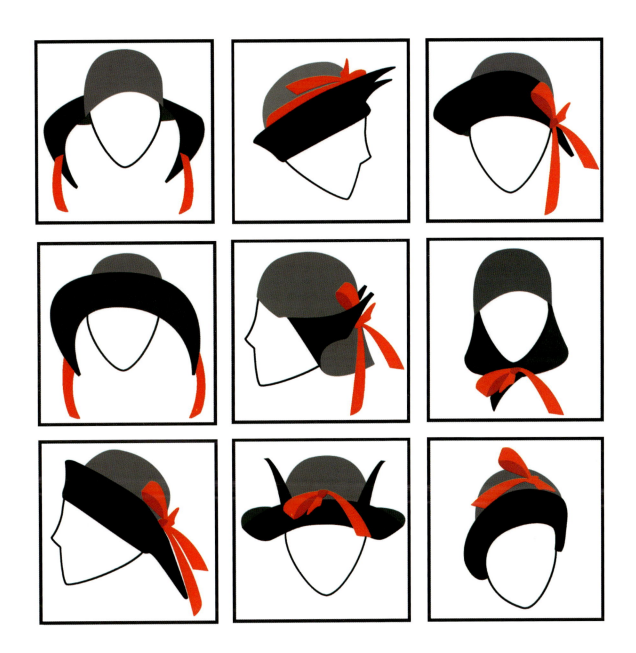

Sushe 帽的设计和包装的灵感来源于亚洲，这款帽子是由皮特·德·弗里斯（Peter De Vries）为 2003 年在汉堡举办的一个日本皇室展览而设计的。只要简单地折叠帽檐或变换丝带的系法，Sushe 帽就足足可以变出 9 种戴法。帽子采用混合了棉、麻和加热过的羊毛成分的纸制成，但感觉如丝绒。包装盒也比通常的帽盒小得多，上面印着九种戴法的说明。作为一个饰品 Sushe 帽也可以说只有一种功能，即可以变化无穷和不断更换。

www.sushehat.de

Peter De Vries (德国)
2003

玩具

Toys
Spielzeug

简介
Introduction
Einleitung

As important as it is for toys to be educational, their environmental impact should not be neglected. Not only do toys often have a short life, but they can even transfer harmful substances upon contact, for example because of toxic dyes. The public is generally very aware of this subject, yet truly sustainable alternatives within this industry remain considerably obscured. It is in fact possible these days to buy toys with a predilection for natural dyes or materials that derive from seasonally renewable sources, like PlayMais®, or that prevent overproduction and waste by providing do-it-yourself guidelines, like Foldschool.

In selecting the toys and games for this chapter, solutions that educate kids about environmental issues (Play Rethink) and clean technologies (H-RACER) were also taken into consideration.

These choices show how the world of toys can adopt approaches that are multiple, various and often unexpected.

Der Lerneffekt ist bei Spielzeug sehr wichtig, aber auch die Umweltbelastungen verdienen Beachtung. Einerseits haben Spielsachen oft nur eine kurze Lebensdauer, und andererseits können sie bei Körperkontakt schädliche Stoffe abgegeben, wie z. B. durch die verwendeten Farben. Die Öffentlichkeit ist für gewöhnlich sehr interessiert an diese Themen, aber über nachhaltige und umweltfreundliche Alternativen ist nur wenig bekannt. Heute können Spielsachen gekauft werden, die natürliche Farbstoffe enthalten oder aus jahreszeitlich erneuerbaren Materialien bestehen, wie z. B. PlayMais® oder Produkte, die Kindern die Möglichkeit geben, Formen und Design selbst zu bestimmen, wie Foldschool.

In diesem Kapitel werden auch Spiele präsentiert, bei denen sich die Kinder mit Umweltproblemen (Play Rethink) oder sauberen Technologien (H-RACER) spielerisch auseinandersetzen.

Die Auswahl zeigt die vielfältigen, unterschiedlichen und oft auch überraschenden Ansätze, die bei der Produktion von Spielzeug angewendet werden.

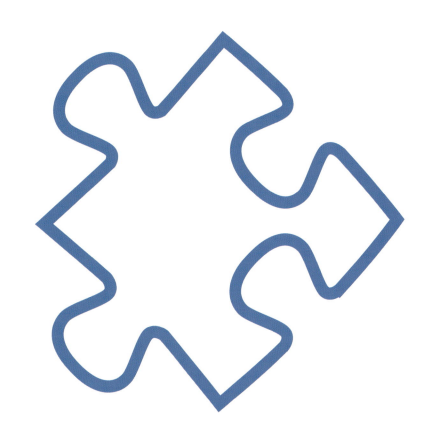

玩具本身的教育意义使它们对环境的影响不容忽视。玩具不仅通常使用寿命很短，有时甚至可以通过接触传播有害物质，例如有毒染料。公众已广泛认识到这个问题，但是玩具业提供的真正环保的选择并不多。不过，现在已经可以购买到使用从季节性可再生资源中提取的材料或染料制成的玩具了，如PLayMais，或为了防止生产过剩和浪费而设计的DIY玩具，如Foldschool。

在为这一章选择玩具和游戏时，能够教育孩子们树立环保意识（Play Rethink）和利用环保技术的解决方案（H-RACER）也在考虑范围内。

这些产品表明玩具业是如何努力运用更加环保的有时甚至出人意料的设计方法的。

270 Creatures

可回收玩具
Recycled toys
Recycling-Spielsachen

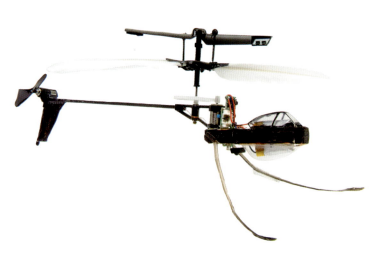
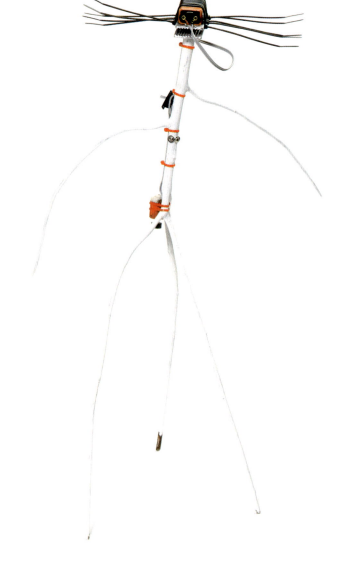

Even toys can help teach and spread the politics of eco-sustainability. Creatures, produced in a limited edition by Tobias Rockenfeld for Droog Design, are made of broken toys, components recovered from old household appliances and domestic waste. The results of this design took the forms of 18 unique models that move, fly, swim, light up and laugh. The designer wanted to share the hidden value in trash with kids. So he created toys that, unlike current trends, promote functionality and reuse over ultra-technological and colored forms, which often have a solely aesthetic value.

Auch Spielzeug kann zum Verständnis und zur Verbreitung von Nachhaltigkeit beitragen. Die von Tobias Rockenfeld für Droog Design als limitierte Edition hergestellten Creatures sind aus kaputten Spielsachen, wieder verwerteten Bauteilen alter Haushaltsgeräte und Haushaltsabfällen gemacht. Es entstanden 18 einzigartige Modelle, die sich auf dem Wasser oder auf dem Land fortbewegen, fliegen, blinken und lachen können. Ziel des Designers war es, Kindern den versteckten Wert von Abfallprodukten zu vermitteln. Bei der Herstellung dieser Spielsachen stehen Funktionalität und Wiederverwertung im Gegensatz zu Hightech und Farbenvielfalt im Vordergrund.

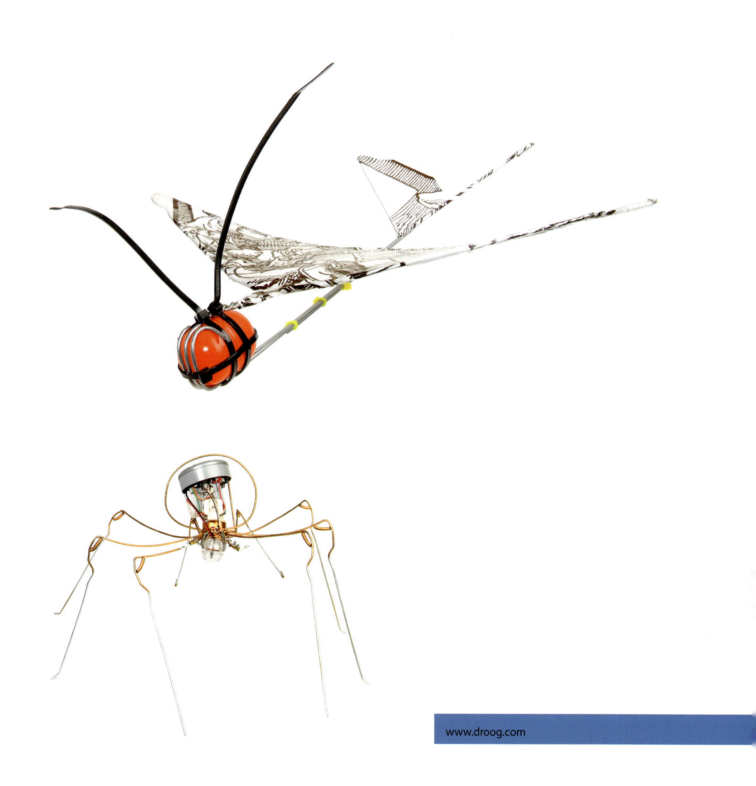

玩具也可以帮助教育和传播生态可持续发展的理念。Creatures 是托比亚斯·罗肯费尔德（Tobias Rockenfeld）为 Droog 公司设计的限量版玩具，都是由破损的玩具、旧的家用电器和家庭废弃物做成的。Creatures 由 18 种独特的模型组成，可以完成移动、飞行、游泳、亮灯或大笑等动作。设计师希望帮助孩子们认识到如何利用藏在垃圾桶里的价值，因此与流行趋势不同，他设计了更加强调实用、注重再利用科技、五彩缤纷的玩具，呈现出独特的审美价值。

Tobias Rockenfeld for Droog (荷兰)
2008

Foldschool

纸板家具
Cardboard furniture
Möbel aus Pappkarton

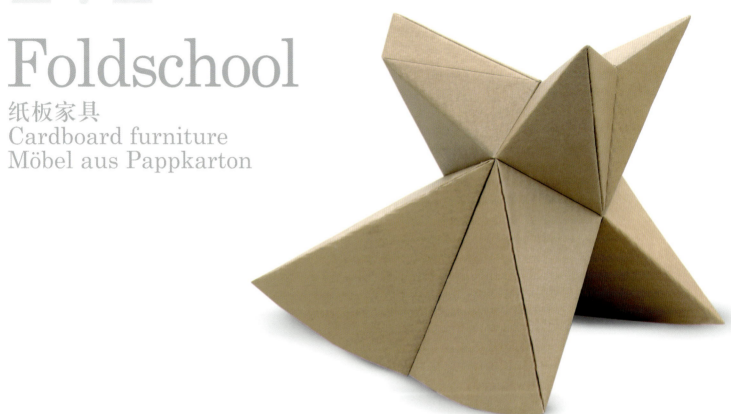

While good design is generally associated with costly furniture and often extreme forms, this piece of furniture brings design back to its original dictates: aesthetics, functionality and low cost. Foldschool is a line of cardboard furniture for kids that can be assembled at home by simply using cardboard, a paper cutter and glue. Patterns for various objects can be downloaded easily from the Internet and kids can personalize their chosen models according to their wishes, for example by painting them. Foldschool's sustainability does not end with its material: the do-it-yourself aspect is in fact the great advantage since it avoids overproduction, transport and waste.

Üblicherweise wird anspruchsvolles Design mit kostspieligen Möbeln und extravaganten Formen verbunden. Das Ausstattungsobjekt Foldschool hingegen führt das Design wieder zu seinen Wurzeln zurück: Ästhetik, Funktionalität und geringe Kosten. Foldschool ist eine Kollektion von Kartonmöbeln für Kinder, die zu Hause zusammengesetzt werden können. Karton, Cutter und Leim genügen, um die Möbel anzufertigen. Das Schnittmuster für die verschiedenen Objekte kann bequem aus dem Internet heruntergeladen werden. Die Möbel können z. B. durch Bemalen individuell gestaltet werden. Die Zukunftsfähigkeit von Foldschool liegt aber nicht nur im Material: die Eigenproduktion ist der große Vorteil dieses Objekts, wodurch Überproduktion, Transport und Materialverschwendung vermieden werden.

好的设计通常意味着昂贵或极端的形式,但是这件家具却还原了设计最初的初衷:美观、实用、成本低。Foldschool 是为孩子们设计的纸板家具系列,是可以在家里简单地用纸板、裁纸刀和胶水就能组装的家具。孩子们可以随意从网上下载各种款式,还可以根据自己的意愿对其进行个性化设计,如喷涂不同的颜色。Foldschool 的环保特性并不止于所用的材料,它最突出的优点是其提供的 DIY 组装方式可以避免生产过剩、便于运输、减少浪费。

www.foldschool.com

Nicola from Bern for Foldschool (瑞士)
2007

H-RACER FCJJ-18

采用可替代能源的玩具汽车
Alternative-energy toy car
Spielzeugauto mit Wasserstoffantrieb

The H-RACER FCJJ-18 is the smallest clean-energy car in the world. Imitating the hybrid models of famous auto makers like Toyota, Honda and Daimler-Chrysler, this toy uses a full two sources of alternative energy: hydrogen and solar energy. Hydrogen fuel is created by simply adding water to the tank of the little refueling station included with the car. The station then converts the water into hydrogen using solar energy—no batteries required. A blue light signals when the car needs a "refill," making the H-RACER even more beguiling. Horizon Fuel Cell Technologies has been trying to introduce hydrogen into a wide variety of fields since 2003. With this project, the company wanted to use a fun way to emphasize the advantages of this technology, which is renewable, widely available, non-toxic and has zero emissions, even when just used for a toy.

H-RACER FCJJ-18 ist das kleinste Auto, das mit sauberen Energie betrieben wird. Es ahmt die Hybrid-Modelle angesehener Autohersteller wie Toyota, Honda und Daimler-Chrysler nach und benutzt gleich zwei alternative Energiequellen, nämlich Wasserstoff und Sonnenenergie. Die Wasserstoffzufuhr erfolgt über die mitgelieferte „Tankstelle", eine Brennstoffzelle, die mit Wasser gefüllt wird. Batterien sind nicht nötig. Das Wasser wird mit Hilfe von Sonnenenergie in Wasserstoff umgewandelt. Wenn das Auto „nachtanken" muss, leuchtet eine blaue Lampe auf, die dem H-RACER zudem ein ansprechendes Design verleiht. Horizon Fuel Cell Technologies versucht seit 2003 Wasserstoff in verschiedenen Bereichen einzuführen. Mit diesem Projekt hebt das Unternehmen auf amüsante Weise die Vorteile dieser Technologie auf, die erneuerbar, leicht anwendbar, nicht schädlich und zudem emissionsfrei ist, auch wenn es sich dabei nur um ein Spielzeugauto handelt.

H-RACER FCJJ-18 是世界上最小的清洁能源汽车。玩具造型模仿著名的混合动力汽车制造商丰田、本田和戴姆勒克莱斯勒的设计，动力采用了两种可替代能源：氢能和太阳能。氢燃料的获取是只要简单地向车内的小燃料箱里加水，无需使用电池，这个装置就可以利用太阳能将水转化成为氢。当车需要"再加水"的时候，会有一个蓝色的信号灯亮起，操作非常简单。自 2003 年以来，氢燃料电池技术公司一直在努力将氢燃料电池技术推广到各个领域。公司希望用玩具车这种有趣的方式来强调这种技术的优点：可再生、可广泛获取、无毒，而且零排放。

www.horizonfuelcell.com

Taras Wankewycz for Horizon Fuel
Cell Technologies Pte. Ltd. (新加坡)
2006

278
PlayMais®

积木
Building blocks
Natürliche Bausteine

In this game, creativity takes its cue from a completely natural material, one that is even seasonally "renewable." It may seem surprising, but PlayMais® shows that it is possible to construct battleships, farms and animals with the sole use of corn. This also means the creations can be dyed with natural food coloring and therefore remain 100% biodegradable and non-toxic. Rather than using a system of joints, the blocks are attached to one another by being dampened and lightly pressed together. PlayMais® places no limits on the imagination: each block can be re-cut to create the figures and forms needed for the game of the moment.

Mais ist der Grundstoff für dieses Spielzeug, das aus diesem 100% natürlichen und zudem jahreszeitlich erneuerbaren Material besteht. Es mag noch so erstaunlich erscheinen, aber mit PlayMais® können Piratenschiffe, Bauernhäuser und Tiere gebaut werden. Der bunte Spielspaß wird auf Basis von Mais, Wasser und Lebensmittelfarbe hergestellt. Die Bausteine sind 100% biologisch abbaubar und völlig unbedenklich. Auch wenn jegliche Verbindungsstücke fehlen, ist der Maisbaustein nicht ungeeignet, um etwas damit bauen zu können. Einfaches Anfeuchten mit Wasser und ein leichter Druck auf die Teilchen genügt, um sie aneinander zu heften. PlayMais® setzt der Phantasie keine Grenzen: jeder Baustein kann zugeschnitten oder geformt werden, um so Figuren und Formen zu erfinden.

www.playmais.com

这个游戏的创新性在于采用了完全天然的材料，这种材料甚至可季节性再生，这可能令人惊讶，但是PlayMais证明了只使用玉米制作战舰、农场和动物是可能的，而且其采用的纯天然的食品级染料，使其可100%生物降解和无毒无害。此外，与传统的连接方式不同，这套玩具只要将积木弄湿，然后轻压就可以连接在一起。PlayMais能够充分发挥孩子们的想象力，每块积木都可以按照不同游戏阶段的需要重新分开，再创造新的人物或形式。

Cornpack GmbH & Co. KG（德国）
2000

Play Rethink

棋盘游戏
Board game
Brettspiel

The Rethink Games company offers a board game that gives free rein to imagination and creativity in order to foster ecological consciousness. The goal of Play Rethink is to re-conceive everyday objects in a new way based on the principles of ecodesign. The rules are simple and intuitive. First, players select the design category, distinguished by color, by spinning the cardboard game wheel—for example recycling, renewable energy, multifunctional, easy assembly. Once the category is established, players begin redesigning the object in question, making sketches and drawings of, say, how to create a dustpan by reusing a shoe sole, or how to replace coat buttons with forks. One can also "play" with ideas and suggestions on the Play Rethink website and develop an area of cultural exchange, a precious resource for the development of a sustainable society.

Das Unternehmen Rethink Games stellt ein Gesellschaftsspiel vor, das die Phantasie und Kreativität zur Entwicklung eines eigenen Umweltbewusstseins fördert. Ziel bei Play Rethink ist es, Alltagsgegenstände aus Sicht des Ökodesigns neu zu bedenken. Die Regeln sind einfach und intuitiv: zuerst werden die Planungsbereiche ausgewählt, indem man das Rad auf der Spieltafel dreht. Jeder Bereich ist mit einer Farbe gekennzeichnet. Nachdem der Bereich ausgewählt worden ist – zum Beispiel Recycling, erneuerbare Energien, Multifunktionalität, leichte Zusammensetzbarkeit – beginnen die Mitspieler den jeweiligen Gegenstand neu zu planen. So entstehen Skizzen und Zeichnungen, wie man z. B. eine Schuhsohle als Kehrichtschaufel wiederverwenden oder wie man die Knöpfe an einem Mantel durch Gabeln ersetzen kann. Auch auf der Homepage von Play Rethink kann man mit zahlreichen Ideen und Tipps „spielen". Es ist eine Plattform für den kulturellen Austausch entstanden, die einen wichtigen Beitrag für die Entstehung einer nachhaltigen Gesellschaft leistet.

这是 Rethink 游戏公司开发的一款在充分发挥想象力和创造力的过程中来培养生态意识的棋盘游戏。Play Rethink 的目标是帮助游戏者在生态设计的前提下重新认识日常物品。使用方法简单直观：首先，游戏者旋转纸板轮盘，选择不同颜色代表的不同设计类别——如回收利用，可再生能源，多功能，易组装等；选好后，游戏者开始重新设计问题对象，画草图和图纸，如利用旧鞋底制作垃圾桶，或者用叉子取代外套纽扣等。游戏者还可以在 Play Rethink 的网站上"玩"各种创意，还可以设立文化交流区，这些都是建立可持续发展社会的珍贵资源。

www.playrethink.com

Lili Larratea for Rethink Games (英国)
2007

282

Puppy

玩具和装饰品
Toy and furnishing object
Spielzeug und Ausstattungsobjekt

Puppy is an example of how an apparently unsustainable product can unexpectedly follow the dictates of ecodesign. Not only is this stylized polypropylene dog made of just one material, but it is also multifunctional. It was in fact created as a kid's toy but quickly increased in value as a piece of furniture and even a collector's item. If needed, Puppy can be used as a chair, proving the assertion made by well-known Finnish designer Eero Aarnio that various objects can double as seating, while a chair remains that alone. By becoming an object of affection with, moreover, an artistic value, Puppy is not easily discarded—another reason to laud it as an example of ecodesign.

Puppy ist auf den ersten Blich nicht nachhaltig, aber es steht dennoch für die Philosophie von Ökodesign. Der stilisierte Welpe aus Polypropylen besteht aus einem einzigen Material und ist multifunktional. Ursprünglich als Kinderspielzeug konzipiert, wurde er in der Folgezeit nicht nur zu einem Sitzmöbel sondern vor allem zu einem begehrten Sammlerobjekt. Auch sein berühmter Designer Eero Aarnio war der Auffassung, dass die Funktion eines Sitzplatzes durch verschiedene Objekte ausgeübt werden kann, während ein Stuhl immer nur ein Stuhl bleibt. Puppy wächst seinem Besitzer nicht nur ans Herz, sondern hat zudem einen künstlerischen Wert. Ganz im Sinne des Ökodesigns trennt man sich nicht leichtfertig von ihm.

Puppy 是一个能够说明本来并不环保的产品却能出乎意料的遵循生态设计原则的例子。这个时髦的聚丙烯狗不仅只用了一种材料,而且还是多功能的。Puppy 原本的设计是一个儿童玩具,但很快它就被作为一件家具使用,甚至成为一件收藏品,需要时 Puppy 还可以成为一把椅子,这也证明了芬兰著名设计师埃罗·阿尔尼奥(Eero Aarnio)的说法:很多东西都可以做椅子,而椅子则只能作为椅子。当 Puppy 作为一件令人喜爱的产品体现出艺术价值时,它就不易被丢弃——这是它成为生态设计案例的另一个原因。

Eero Aarnio for Magis (意大利)
2005

Sedici Animali

木制拼图
Wooden puzzle
Holzpuzzle

In the 1950s, as plastic was becoming the most popular material used in industrial production, Enzo Mari drew on tradition and designed a product for kids that, in those days, went against the trends. Sedici Animali (Sixteen Animals), a puzzle and a game in one, is made of unfinished oak wood and therefore lacks the harmful chemical substances of a surface finish. Today the sustainable approach followed by the Italian designer is increasingly widespread in the world of toy production. Meanwhile, Sixteen Animals has become a collector's item and each year is re-released in a limited edition.

In den 1950er Jahren, als Plastik zum meist verwendeten Material in der Industrieproduktion aufstieg, entwarf Enzo Mari ein Spielzeug, das, obwohl es sich an die Tradition anlehnte, zu jener Zeit eher eine Gegentendenz darstellte: Sedici Animali (sechzehn Tiere). Das Puzzle, das zugleich auch ein Spiel ist, wurde aus unbehandeltem Eichenholz hergestellt, ohne schädliche chemische Stoffe für die Oberflächenbehandlung zu verwenden. Die nachhaltige Linie, die der italienische Designer schon damals verfolgte, verbreitet sich heute in der Spielzeugherstellung immer weiter. Sedici Animali ist zu einem begehrten Sammlerobjekt geworden und wird jedes Jahr in einer limitierten Auflage angeboten.

20世纪50年代,塑料是生产领域最受欢迎的材料,恩佐·玛丽(Enzo Mari)却反潮流,吸收传统,为孩子们设计了这款木制玩具。集解谜和游戏于一身的Sedici Animali(包括16只动物),由表面未做任何装饰的柞木制成,也因此没有任何表面处理带来的有害化学物质。如今这位意大利设计师所奉行的环保设计原则正在玩具生产领域得到越来越广泛的认同。与此同时,这款16只动物组成的玩具已成为收藏家的珍品,每年仅推出限量版。

www.danesemilano.com

Enzo Mari for Danese (意大利)
1957

包装

Packaging
Verpackung

简介
Introduction
Einleitung

Have you ever thought about how many packages we consume every day? Packaging makes up around 80% of the waste that ends up in our landfills. Considering the fact that every purchase comes with a package, the enormous amount is plain to see.

Though packaging has its own life cycle with respect to the product it contains and protects, it should also be designed to function better. Possibilities and solutions would multiply this way, producing not just environmental but also economic benefits.

Ecodesign proposes various solutions to the problem. For one thing, packaging can have a longer life when its reuse is taken into account during the design phase. Materials can be chosen more wisely, with a designer opting to use just one material or those deriving from renewable sources in the short-term, like non-oil plastics (PlantLove's PLA). When this is impossible, a good designer should think ahead to the eventual separation of the various materials (GreenBottle). Packaging can also be produced directly from natural materials (EcoWay's banana leaves) or can even be edible (Cookie Cup). Such solutions offer valid and sustainable alternatives without limiting the communicative value of the packaging, which is an important tool for enhancing the product it contains in the first place.

The different types of packaging were divided based on the industry their products belong to: food, body care and giftware/souvenirs.

Haben Sie jemals daran gedacht, wie viel Verpackung wir jeden Tag wegwerfen? Etwa 80% der Abfälle, die in Abfalldeponien landen, bestehen aus Verpackungen. Diese enorme Menge ist leicht nachzuvollziehen, wenn wir nur an die Verpackung aller Gegenstände denken, die wir kaufen.

Die Verpackung hat im Vergleich zum darin enthaltenen Produkt einen eigenen Lebenszyklus. Für eine optimierte Nutzung muss sie zusammen mit dem Produkt entwickelt werden. So können vielfältige Verpackungslösungen mit positiven Auswirkungen auf die Umwelt und die Wirtschaftlichkeit entstehen.

Gemäß den Grundsätzen von Ökodesign gibt es verschiedene Lösungsansätze. Die Lebensdauer einer Verpackung kann verlängert werden, indem bereits während der Planungsphase die spätere Wiederverwendung berücksichtigt wird. Eine weitere Möglichkeit ist eine intelligente Materialauswahl. Die Verwendung von nur einem Material oder kurzfristig erneuerbarer Energien, wie z. B. No-Oil-Kunststoffe (PLA von PlantLove) wäre ein Beispiel hierfür. Sollte dies nicht möglich sein, muss während der Entwicklungsphase überlegt werden, wie die verschiedenen Materialien voneinander getrennt werden können (GreenBottle). Verpackungen können direkt aus Naturprodukten hergestellt werden (EcoWay) oder sogar essbar sein (Cookie Cup). Diese Lösungen bieten wertvolle Alternativen, ohne den kommunikativen Wert der Verpackung zu beeinträchtigen.

Die vorgestellten Verpackungen sind nach ihrem Inhalt gegliedert: Lebensmittel, Körperpflege und verschiedene Alltagsgegenstände.

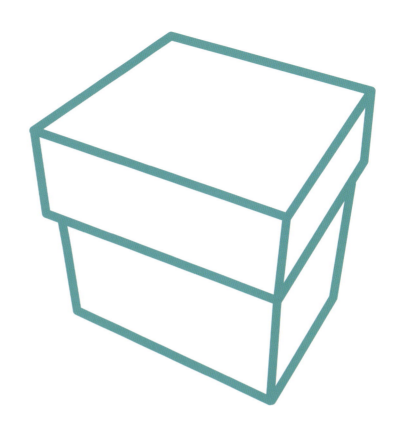

您想过我们每天要消耗多少包装吗？包装垃圾几乎占据所有垃圾总量的 80% 之多。只要想象一下我们生活中每一次购买行为都会带来一个包装，这样大数量的包装垃圾也就是显而易见的事了。

尽管包装取决于其所容纳或保护的产品，使用寿命有限，但仍可通过设计改善这种状况。探讨包装的多种可能性和解决方案，不仅意味着环保，还会带来经济效益。

生态设计为此提供了若干解决方案。首先，若从设计阶段就开始考虑包装的再利用问题，包装的使用寿命就将得到延长；设计师如能选择单一材料或从可快速再生材料中进行选择，如非石油提取塑料（PlantLove 中的 PLA），也会有助于延长包装寿命。如果以上都不可行的话，好的设计师应提前考虑各种材料最终的拆解（如 GreenBottle），或者可以考虑直接采用生物材料（EcoWay 的芭蕉叶包装），甚至可食用材料（曲奇饼杯）。这些设计都是在不妨碍包装发挥其作为传达产品信息的重要工具作用的前提下，提出的有效的可持续发展的解决方案。

本章的包装根据其内含产品所属的不同领域划分为：食品包装、个人护理品包装和礼品（纪念品）包装。

292

曲奇饼杯
可以吃的咖啡杯
Edible espresso cup
Essbare Espressotasse

The Cookie Cup is a fun synthesis of Italian culinary habits: an espresso cup that can be eaten and thereby replaces the ever-present cookies. It turns grabbing a cup of coffee into an completely new experience. The team at the Lavazza Training Centre responsible for the design, also known for its collaboration with the famous Spanish cook Ferran Adrià, invented a recipe for the pastry that is covered on the inside by a special icing sugar and heat-resistant gum arabic. Lavazza's famous blue logo is printed on the outside. Designed by Enrique Luis Sardi, the cup won the Lavazza prize at the Turin Food Design competition in 2003. The Cookie Cup is an example of sustainable design that responds to everyday traditions in an original way.

Als witzige Synthese der italienischen Essgewohnheiten ersetzt Cookie Cup als essbare Kaffeetasse den üblicherweise beim Frühstück obligatorischen Keks und verwandelt somit die Espressopause in eine ungewöhnliche Erfahrung. Das Team vom Training Centre Lavazza, bekannt auch durch seine Zusammenarbeit mit dem spanischen Chefkoch Ferran Adrià, entwickelte das besondere Rezept für den Mürbeteig. Dieser Teig ist mit einer Zuckerglasur überzogen, die hohen Temperaturen standhalten kann und auf der auch das Lavazza-Logo angebracht ist. Doch der größte Vorteil ist, dass die Tasse die Umwelt nicht belastet, da sie nicht weggeworfen wird, ja nicht einmal gewaschen werden muss. Die Tasse, die nach einem Design von Enrique Luis Sardi hergestellt wurde, gewann 2003 den „Lavazza-Preis" beim Wettbewerb „Food Design Torino". Cookie Cup ist ein Beispiel für nachhaltiges Design, das für tägliche Gewohnheiten neue Lösungen liefert.

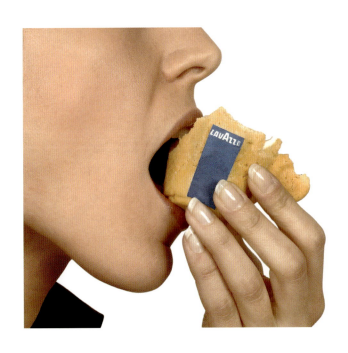

www.lavazza.com

曲奇饼杯是一个非常有趣的意式烹饪艺术的象征——可以吃的咖啡杯,可以替代传统的曲奇饼干!它给人们握住一杯咖啡这个行为带来了全新感受。这是由 Lavazza 培训中心(Lavazza Training Centre)的团队负责设计的,他们曾以与著名的西班牙厨师费兰·阿德里亚(Ferran Adria)合作而闻名。团队设计了在这个甜点内部覆一层糖霜和耐热食用胶的配方,Lavazza 著名的蓝色标识印在杯子外侧。设计者 Enrique Luis Sardi 凭此设计夺得 2003 年都灵食品设计大奖赛的 Lavazza 奖。曲奇饼杯是用与日常生活习惯不同的方法做到可持续设计的一个案例。

Enrique Luis Sardi for Lavazza (意大利)
2003
原型

296
EcoWay
天然的外卖包装
Natural take-away packaging
Natürliche Take-away-Verpackung

Eco Way is take-away food packaging made of banana leaves. The patina covering them has a consistency similar to wax, making them perfect for holding even hot or greasy food. Since they maintain their robust features long after being removed from the plant, cutting is all that is required to transform them into packaging. The package is closed by folding the leaf and securing it with small wooden clasps if needed—i.e. no glue is used. It is opened by tearing the leaf along its natural lines. The realization of this design, which was presented at the Dining 2015 competition organized by Designboom in 2008, could lead to a drastic reduction in the packaging waste that takes up so much space in our dump sites.

Eco Way ist eine Verpackung aus Bananenbaumblättern für Take-away-Mahlzeiten. Die obere Schicht der Blätter hat eine wachsähnliche Konsistenz. Daher eignen sie sich ideal als Verpackung für feuchte oder fettige Nahrungsmittel. Außerdem behalten die Bananenbaumblätter auch lange Zeit nachdem sie vom Baum abgeschnitten wurden ihre Eigenschaften. Die Verpackung wird durch einfaches Biegen der Blätter oder auch mit kleinen Holznadeln verschlossen, d. h. ohne den Einsatz von Klebstoff. Zum Öffnen genügt hingegen das Abreißen des Blattes entlang der natürlichen Blattfaser. Das Projekt, das zu einer drastischen Reduzierung der riesigen Mengen von Verpackungsabfällen führen könnte, wurde 2008 beim Design-Wettbewerb Dining 2015 von Designboom vorgestellt.

EcoWay 是一种用芭蕉叶制作的外卖食品包装。这种铜绿色的叶子表面具有类似于涂过一层蜡的效果，即使装入很烫或油腻的食物也非常便于手持。由于芭蕉叶在采摘过后很长一段时间内仍可保持较好的强度，只要进行简单的切割就可以作为包装材料。整个包装就是将叶子折叠，再用小的木质锁扣扣住，完全不用胶水，沿着叶脉的自然纹理即可拆开包装。这款包装于 2008 年由 Designboom 举办的"2015 餐饮设计比赛"（Dining 2015 Competition）中亮相，有望大大减少目前包装垃圾充斥的现象。

www.designboom.com

Tal Marco for designboom (以色列)
2007

300
Pandora Card
一次性餐具
Disposable cutlery
Wegwerfbesteck

It has been widely noted that the production of disposable goods leads to excess garbage in our dumps and a waste of resources. Pandora Card cutlery, however, is the exception that proves the rule. Made from a starch derivative (polylactic acid or PLA), it is completely biodegradable. Particular attention was also paid at the research phase to decreasing production waste and facilitating packaging and transport: its linear design and small size mean that few materials are needed to make it. Pandora Card cutlery is not meant to be a substitute for the everyday version. Rather, it was conceived for use in hospitals or special situations like excursions.

Einweggegenstände produzieren nicht nur übermäßige Abfallmengen, sondern sind auch eine Verschwendung von Energiequellen. Das Besteck Pandora Card ist eine beachtenswerte Ausnahme: es besteht aus einem Polylactide-Kunststoff (PLA) und ist vollständig biologisch abbaubar. Besondere Aufmerksamkeit galt zudem der Senkung von Emissionen während der Produktion und des Transports. Das lineare Design und die geringen Abmessungen tragen zur optimalen Nutzung der Materialmengen bei und vermindern gleichzeitig die Produktionsabfälle. Das Besteck Pandora Card ist nicht für den täglichen Privatgebrauch gedacht, sondern vielmehr zur Verwendung in Krankenhäusern oder bei Ausflügen.

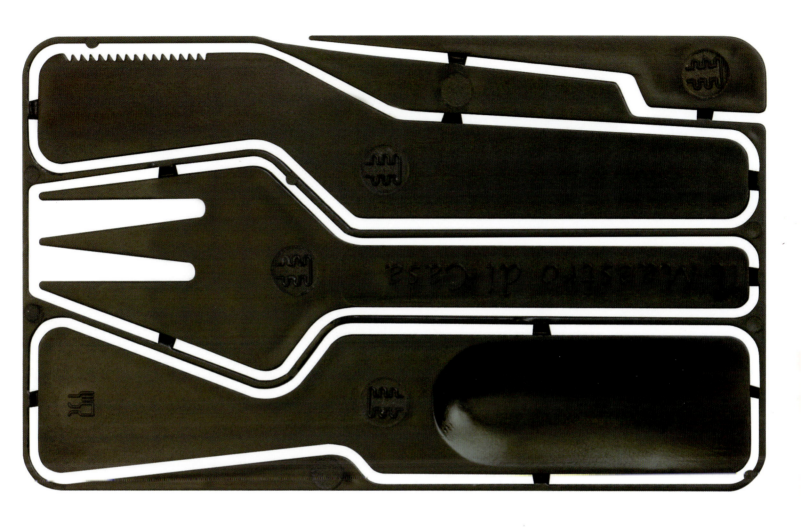

许多人都知道：一次性商品的生产不仅浪费资源，而且导致垃圾大大增加。然而 Pandora Card 一次性餐具的出现却是个例外。这款餐具用淀粉衍生物（聚乳酸 PLA）制成，可完全生物降解。在研发阶段，设计人员就特别注意考虑减少生产浪费、简化包装以及便于运输等问题：它的直线造型以及较小的尺寸意味着只用很少的材料。不过，Pandora Card 并不是要代替日常使用的餐具，而是为医院或者出门远足等一些特殊场合设计的。

www.pandoradesign.it

Giulio Iacchetti for Pandora design (意大利)
2004

302

环保瓶子
液体的包装
Packaging for liquids
Verpackung für Flüssigkeiten

The outer layer of this packaging for liquid food items is made of recycled white paper, with an inside layer of recyclable PLA (polylactic acid). The design was tested by an English supermarket chain and it showed that this material releases no harmful elements into the liquids contained therein. Furthermore, its environmental impact is less than 48% compared to tetra packs or HDPE (high-density polyethylene) packaging. When discarded, GreenBottle's two parts are recycled separately and the paper, in particular, is reused to produce food cartons.

Diese Trinkmilchverpackung besteht außen aus Recycling-Papier und innen aus einer dünnen, recycelburen Schicht aus PLA (Polylactide). Das Material, das von einer englischen Supermarktkette getestet wurde, gibt keine schädlichen Stoffe an die enthaltenen Flüssigkeiten ab. Zudem ist die Umweltbelastung um 48% geringer als bei Tetrapack oder anderen Polyethylen-Verpackungen. Bei der Entsorgung werden die beiden Elemente, aus denen GreenBottle besteht, getrennt wieder verwertet, das Papier wird beispielsweise zur Herstellung von Lebensmittelkartons eingesetzt.

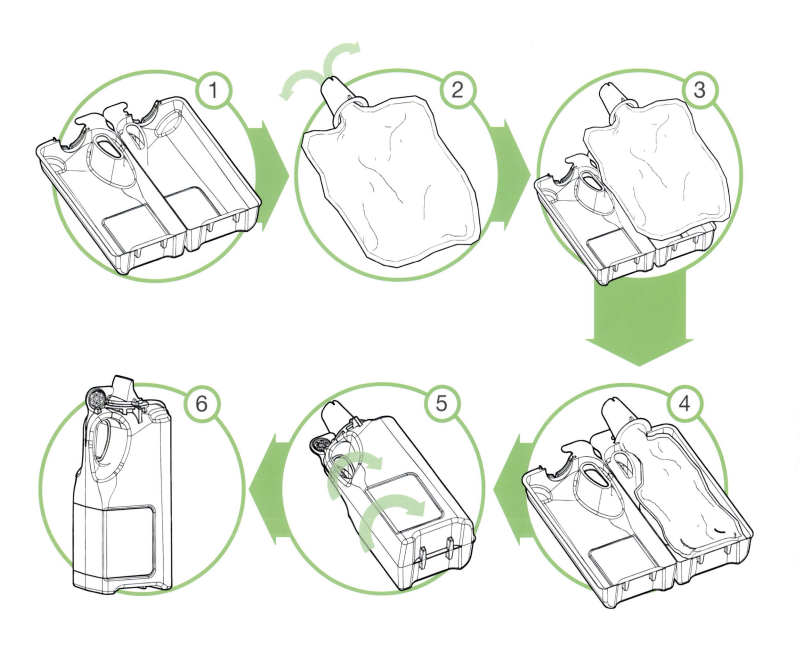

这款液体物质的包装外层取材于可再生白纸，内层则由可再循环的聚乳酸（PLA）制成。这个包装曾在英国的一家连锁超市进行过测试，结果显示这种材料不会释放任何有害物质到内部液体中。此外，该包装对环境的影响比"利乐包"或者高密度聚乙烯（HDPE）包装要少48%。使用后，包装的内外两层可以分别回收，特别是其中的纸还可以再利用，用于食品纸箱的制作。

Martin Myerscough for GreenBottle Limited (英国)
2007

360° 纸质水瓶

可降解的水瓶
Biodegradable water bottle
Papierflasche

More and more people around the world drink water from plastic bottles. The environmental impact this causes is increasing out of all proportion, in terms of both the exploitation of water resources and the mass production of plastic packaging. The data speaks for itself: in the United States alone, 2.7 million tons of PET plastic bottles were produced in 2006, four-fifths of which were thrown away. Brandimage tackled the problem by proposing a bottle made from paper. The multipack that holds it is made of bamboo fiber and palm leaves, pressed together with a thin PLA (polylactic acid) film, which makes it waterproof. 360° Paper Water Bottle is 100% sustainable because it minimizes environmental impact not only after it is discarded, but also during production. For one thing, no ink is used for the labeling, which is created with pressure alone.

Weltweit trinken immer mehr Menschen Wasser aus Plastikflaschen. Die Belastung der Umwelt wächst stetig, sowohl was den Verbrauch der Wasserressourcen, als auch die Produktion von Plastikflaschen betrifft. 2006 wurden allein in Amerika 2,7 Millionen Tonnen PET-Flaschen hergestellt. Davon landeten vier Fünftel in den Abfalldeponien. Das Produktdesign-Unternehmen Brandimage entwickelte eine Flasche, die vollkommen aus Papier besteht und zu 100% abbaubar ist. Der Multipack, in dem die Flasche eingebettet ist, besteht aus Bambusfasern und Palmenblättern, die mit einem dünnen PLA-Blatt, das die Flasche wasserdicht macht, zusammengepresst wurden. 360° Paper Water Bottle ist ein 100%ig nachhaltiges Produkt, weil es die Umweltauswirkungen nicht erst nach der Entsorgung, sondern bereits während der Herstellung minimiert: die Etikettierung erfolgt z. B. nur durch Pressen und ohne die Verwendung von Farben.

世界各地正在有越来越多的人开始饮用塑料瓶装水。人们对水资源的不断开采和塑料包装的大量生产加剧了环境的失衡，有数据表明：2006年，仅美国一个国家就生产了270万吨的PET塑料瓶，其中五分之四都被当做垃圾丢弃。Brandimage公司设计的一种纸质水瓶则合理解决了这个问题。设计取材于竹纤维和棕榈叶，混合PLA（聚乳酸）薄膜压合而成，使包装防水。360°纸质水瓶完全是绿色产品，其减小环境影响的努力不仅体现在用后废弃阶段，还体现在制造阶段。其商标印制运用压刻技术，全程实现了无墨水化。

Jim Warner for Brandimage - Desgrippes & Laga
(美国)
2008
原型

306
PlantLove
化妆品包装
Cosmetics packaging
Verpackung für Kosmetik

The PlantLove line shows how extremely common, high-impact objects like cosmetics can be re-designed in sustainable ways. The lipstick applicators and containers are made entirely of PLA (polylactic acid), while the packaging is made of recycled paperboard. Special care was also taken during the manufacturing process to eliminate greenhouse gases. In fact, the Canadian company responsible for the product stands out for its desire to make its customers aware of environmental issues. The name PlantLove comes from the fact that the lipsticks' packaging contains sunflower seeds and can be directly planted as such, without having to extract the seeds. At one time, even virtual flowers could be planted at their website and for each flower a donation was made to Conservation International. In 2008, the company received an honorable mention at the DuPont Awards for Packaging Innovation.

Die Produktreihe PlantLove ist ein Beispiel dafür, dass ein bekanntes Produkt mit hoher Umweltauswirkung, wie z. B. Kosmetikartikel, nach umweltfreundlichen Aspekten neu entwickelt werden kann. Die Lippenstiftapplikatoren und Behälter dieser Kosmetikserie bestehen ausschließlich aus PLA, die Verpackung aus recyceltem Karton. Während des Herstellungsprozesses wurde besonders auf die Vermeidung von Treibhausgasen geachtet. Die kanadische Herstellerfirma hat das ehrgeizige Vorhaben, ihre Kunden für den Umweltschutz zu sensibilisieren. Der Name der Produktreihe, PlantLove, geht darauf zurück, dass die Verpackung der Lippenstifte, die Sonnenblumensamen enthält, direkt nach dem Gebrauch in die Erde eingepflanzt werden kann, ohne dass die Kerne entnommen werden müssen. Außerdem können auf der Homepage virtuelle Blumen gepflanzt werden, für die eine Spende zu Gunsten von Conservation International abgegeben wird. 2008 wurden die Innovationen von Cargo Cosmetics im Rahmen des DuPont Awards for Packaging Innovation hervorgehoben.

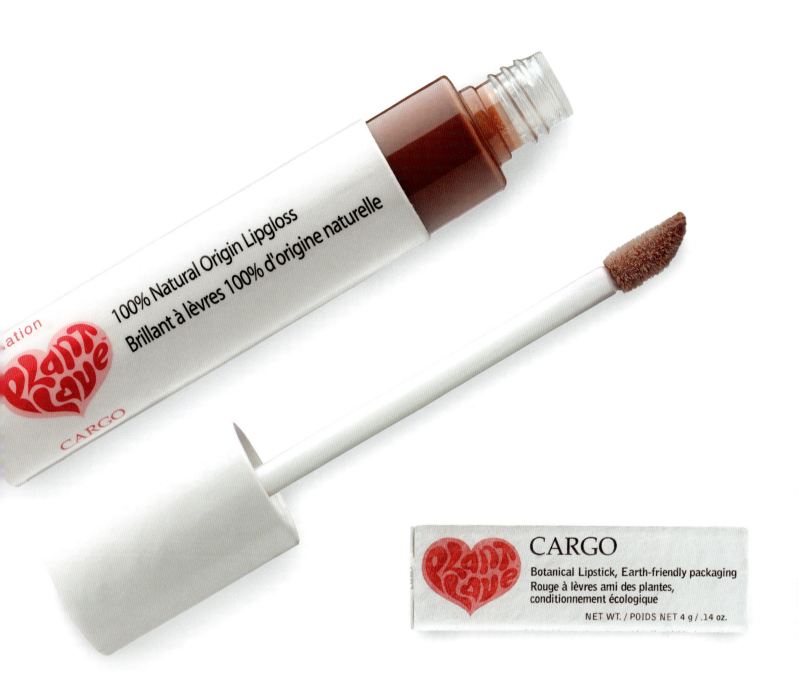

PlantLove 生产线表明，像化妆品这样一个通常对环境有很大影响的产品如何能以一种可持续的方式被再设计。这款唇膏的唇刷和外壳完全由聚乳酸（PLA）制成，外包装则取材于可再生纸板，在制造过程中也尽量消除温室气体的排放。事实上，生产这款产品的加拿大公司希望能使其顾客意识到环境问题：PlantLove 的名字来源于该唇膏在包装里装入了不用取出就能直接播种的向日葵种子。此外，消费者还能在网站上种植虚拟的鲜花，而每朵花的收入都会作为给"保护国际基金会"（Conservation International）的捐款。2008 年，公司由于其在包装方面的创新，而获得杜邦奖（DuPont Awards）的嘉奖。

www.cargocosmetics.com

Hana Zalzal for Cargo Cosmetics (加拿大)
2007

308
C.OVER
文件夹
Organizer
Terminplaner

C.OVER brings together aesthetics and functionality, eliminating all that is superfluous and additional. Optimized in both its functions and dimensions, this organizer is characterized by a hi-tech spirit. The organizer is put together with a series of elastics and metal spheres, according to need. The thickness is a quarter of that of traditional block notes and ring-bound organizers. C.OVER's design, which is covered by an international patent, is therefore eco-compatible for both its flexibility and its compact size.

C.OVER vereint Ästhetik und Funktionalität und vermeidet alles, was überflüssig und nebensächlich ist. Der Organizer wurde in seinen Funktionen und seiner Größe optimiert. Gummibänder, die mit Metallkugeln befestigt werden, passen die Agenda den jeweiligen Bedürfnisse an. Dank eines innovativen Ringsystems wurde der Umfang auf ein Viertel der herkömmlichen Notizhefte und Terminkalender reduziert. Flexibilität und Kompaktheit sind somit die Faktoren, die das Design von C.OVER öko-verträglich machen. Dieses System ist durch ein internationales Patent geschützt.

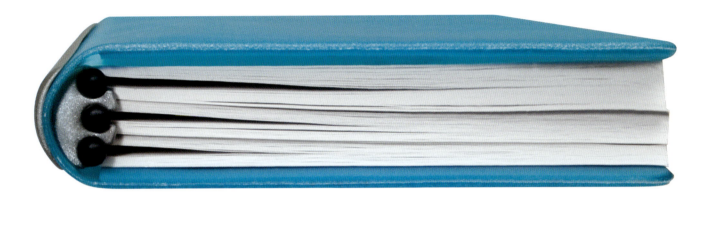

www.greenwitch.it

C.OVER 文件夹集美观与实用于一身,去除了冗余的附加功能。由于其在功能和尺寸上都进行了优化,这款文件夹甚至被描绘为"高科技的精灵"。文件夹根据需要配备有一些松紧带和金属球,其厚度只有传统笔记本和活页式文件夹的四分之一。C.OVER 的设计受国际专利的保护,其具有的灵活性和紧凑的尺寸,使其与生态更加和谐。

Aldo Petillo for Greenwitch (意大利)
2006

310
EcoStapler
没有书钉的订书机
Staple-less stapler
Heftzange ohne Heftklammern

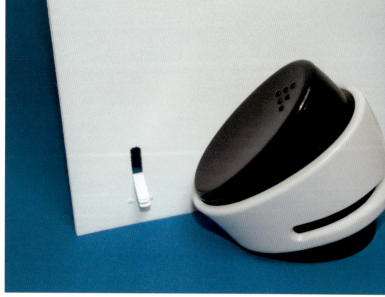

The EcoStapler is an example of the perfect union between functionality and sustainability. This pocket-size object is lightweight and can staple up to three sheets at a time, without the use of metal staples. The mechanism is simple: the interior blade cuts a thin strip of the paper, which then gets folded in so that the pages are joined firmly together. The pages can be read and turned without undoing the joint. Considering the fact that at least one staple is used in every office each day, Wasteonline estimated that with the EcoStapler, the equivalent of 72 tons of metallic waste a year would be saved in England alone. The stapler is sold in recyclable PET and recycled cardboard packaging.

EcoStapler ist ein gelungenes Beispiel für die Verbindung von Funktionalität und Nachhaltigkeit. Dieser kleine und leichte Gegenstand kann bis zu drei Seiten Papier heften, ohne das Metallklammern benötigt werden. Die Funktionsweise ist einfach: Im Inneren befindet sich eine Klinge, die einen kleinen Schlitz in das Papier schneidet. Dann werden die Seiten nach innen gefaltet, wodurch sie fest zusammenhaften. Die gehefteten Blätter können gelesen und geblättert werden, ohne die Haftung zu beeinträchtigen. Wenn man davon ausgeht, dass in jedem Büro mindestens einmal pro Tag eine Heftklammer verwendet wird, so könnten mit EcoStapler gemäß einer Schätzung von Wasteonline allein in England etwa 72 Tonnen an Metallabfällen pro Jahr vermieden werden. Das Heftgerät wird in einer Verpackung aus recyceltem PET und recyceltem Karton verkauft.

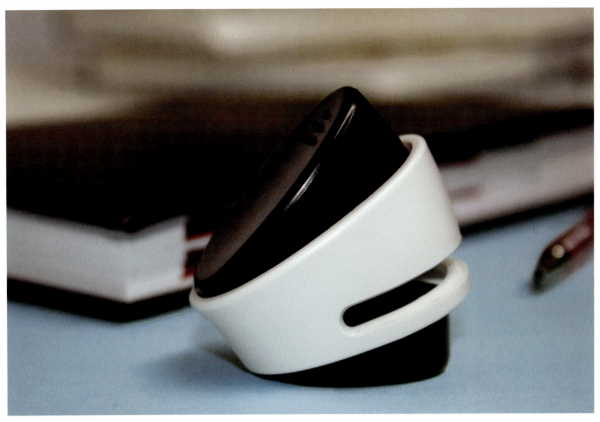

www.ecozone.com

EcoStapler 是集功能和可持续性于一身的完美典范。这个可装在口袋里的产品很轻，可以在不用金属订书钉的情况下一次订三张纸。它的机械原理很简单：内部的刀片在纸上割出很薄的条，然后把它们折叠起来，这样纸就能牢固地连在一起，即使翻阅也不会脱落。Wasteonline 估算，假设每天每间办公室至少使用 Ecostapler 订一个订书钉，那么仅仅在英格兰，每年就能节省 72 吨的金属材料。这种订书机销售时采用了可再利用的聚酯和再循环纸板作为包装。

INFORM DESIGNS for Ecozone（英国）
2007

平面设计

Graphic design
Grafikdesign

简介
Introduction
Einleitung

On the broad stage of visual communication, graphic design guarantees the immediacy and clarity of the message to be delivered. When it comes to complex themes like ecology and sustainability, graphics make it easy to inform in a simple, direct way by provoking impact and interest. This conveys the importance of conscious behavior towards the environment, often more effectively than by using other informative means.

The selections in this chapter communicate environmental sustainability on various levels, from the global care of the planet proposed by PlanetEarth to raise awareness about deforestation in South America to the cleaning of California's beaches. Communicating also means raising consciousness, providing a tool with which to "read" what is offered on the market in the right way. Valcucine, for example, promotes the sustainability of its products, while the WWF's Tree Ring Magnet is an instrument of denunciation, indicating products that are not eco-friendly. Finally, the section includes graphic designs that are themselves produced in a sustainable way. The advertising poster by Adidas, for instance, communicates with color even though it only uses black and white ink.

Every case involves industrial products with their own specific life cycle, which make environmental awareness the strength of a company and an instrument for expression. The various designs were divided according to the themes they involve: water, paper, waste and mobility.

Im Falle von komplexen Themen wie z. B. Ökologie oder Nachhaltigkeit ermöglicht die Grafik eine klare und eindeutige Informationsübermittlung dank der visuellen Wirkung und dem daraus entstehenden Interesse. Auf diese Weise schafft sie es, oft mehr als andere Informationsmedien, die Wichtigkeit eines umweltbewussten Handelns zu verdeutlichen.

Die hier vorgestellten Produkte stehen für verschiedene Lösungen des Umweltschutzes. Sei es die durch PlanetEarth empfohlene globale Pflege des Planeten, die Sensibilisierung für die Zerstörung des Regenwalds in Südamerika oder die Aufräumaktionen an der kalifornischen Küste. Kommunikation bedeutet auch, anderen etwas bewusst machen, ihnen ein Mittel anbieten, um das, was auf dem Markt angeboten wird, auf richtige Weise zu „lesen". Valcucine betont z. B. die Nachhaltigkeit der eigenen Produkte, während Tree Ring Magnet vom World Wildlife Fund auf jene Produkte hinweist, die keine Rücksicht auf die Umwelt nehmen. Das Kapitel zeigt schließlich auch einige grafische Beispiele, die ausschließlich auf umweltfreundliche Weise hergestellt wurden, wie das Adidas-Werbeplakat.

In allen Fällen wird bei diesen Erzeugnissen die Rücksichtnahme auf die Umwelt als besonderer Vorzug ausgewiesen und als direktes Ausdrucksmittel verwendet. Die Projekte wurden nach folgenden Themen unterteilt: Wasser, Papier, Abfälle und Mobilität.

在广泛的视觉传达领域中,平面设计保证了信息传达的即时性和清晰性。当阐述生态、可持续发展这类较为复杂的主题时,平面设计能通过简单直接的方式施加影响、激发兴趣,从而使信息更易于理解。这种有意识地宣传环保重要性的设计行为,经常比其他信息传达方式更为有效。

本章选择的作品从不同层面传达了环境可持续性发展的信息,从"行星地球"(PlanetEarth)对保护地球的呼吁,到关注南美的森林砍伐,再到加利福尼亚州海岸的环境清洁日,它们为提高人们的环境意识、正确地判断市场产品提供了依据。再例如WWF(世界自然基金组织)的年轮磁铁(Tree Ring Magnet)谴责了市场上某些产品的"与环境不友好",而Valcucine公司则积极宣传自己产品的可持续性。此外本章选择的一些平面设计作品本身就采用了环保的制作方式,例如只用黑白两色来传达信息的阿迪达斯广告海报。

每个工业产品都有其特定的生命周期,这使得环保意识已经成为企业立足市场的基本条件。本章的设计作品根据所涉及的主题分为以下几类:水、纸、垃圾和移动生活。

可以喝水的明信片

卡片式水容器
Container-card for water
Postkarte und Wasserbehälter

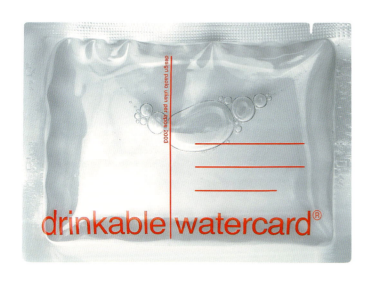 =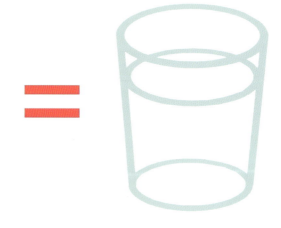

These "drinkable" postcards, produced in a limited edition for the exhibition "Acqua dello Spazio Opos" (Opos Space Water) held in Milan in 2003 contains the equivalent of a glass of water and can be mailed like any other postal product. With this concept, Italian designer Paolo Ulian wanted to emphasize the lack of water resources in many countries where living conditions are difficult. In addition to the obviously symbolic gesture of using drinkable watercard to supply water to those in need, ethical value is to be found in its attempt to raise awareness among those who take it for granted that they can turn on a tap and quench their thirst whenever they want.

Diese „trinkbaren" Postkarten wurden in limitierter Stückzahl für die Ausstellung „Acqua dello Spazio Opos", die 2003 in Mailand stattfand, entwickelt. Sie enthalten so viel Trinkwasser wie in ein Glas passen würde und können wie jedes andere Postprodukt verschickt werden. Das Projekt des Italieners Paolo Ulian soll an die Wasserknappheit in zahlreichen Ländern und die damit verbundenen schwierigen Lebensbedingungen erinnern. Neben der symbolischen Geste, Wasser an jemanden zu liefern, der es braucht, liegt der ethische Wert der drinkable watercard darin, diejenigen, die das Öffnen des Wasserhahns für etwas Selbstverständliches halten, auf dieses Problem aufmerksam zu machen.

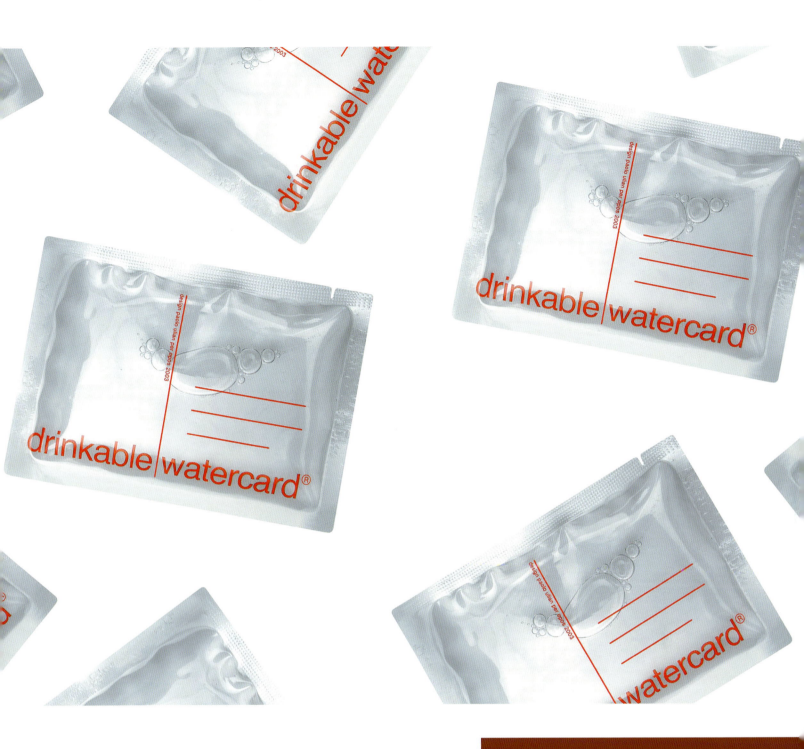

这款"可以喝水的明信片"是为 2003 年米兰"Acqua dello Sazio Opos（Opos 水样空间）"展览会所设计的限量版明信片，内部可存放一杯水，可以像其他明信片一样被邮寄。意大利设计师 Paolo Ulian 希望通过这个概念，强调还有很多国家缺乏水资源，生存条件困难。这种"以明信片的形式将水寄给那些需要用水的人"具有显而易见的象征性，此外对于那些理所当然地认为不论何时需要，打开水龙头就能解渴的人们，这个设计还试图唤起他们的环境意识，这是其设计背后的道德价值所在。

www.paoloulian.it

Paolo Ulian for Opos (意大利)
2003

只用你所需

关于水资源消耗
Water consumption
Wasserkonsum

The challenge posed by the Denver Water Board in Colorado may have been demanding, but it was also indispensable: to decrease water consumption by 22% by the year 2015. With the slogan "Use only what you need," the awareness campaign inspired by this objective used a "minimalist" graphic to emphasize the intelligent consumption of water. Of the advertising surfaces available, the slogan itself only occupied the space that was strictly necessary. The people of Denver contributed to the costs of creating and spreading this message by participating in an internet forum, community outreach programs and face-to-face meetings, thereby demonstrating the success of the initiative. Whoever has since applied the message to their daily practice will have noted its direct benefits, since consuming only what is strictly necessary also means paying lower bills.

Das Ziel ist ehrgeizig: Reduzierung des Wasserkonsums bis 2015 um 22%. Dies haben sich 2005 die Wasserbetriebe der Stadt Denver in Colorado vorgenommen. Die zu diesem Zweck entwickelte Kampagne mit dem Slogan „Use only what you need" rief mit einer reduzierten Bildsprache zum intelligenten Konsum von Wasser auf. Der Slogan nahm nur den nötigsten Raum auf der zur Verfügung stehenden Werbefläche ein. Die Bewohner von Denver trugen nicht nur aktiv zu den Kosten und zur Verbreitung der Botschaft in Online-Foren und in Face-to-face Treffen bei, sondern auch zum Erfolg der Initiative. Wer den Slogan in seinem Alltag umsetzte, konnte unmittelbar davon profitieren, denn der sparsame Wasserverbrauch senkt die Wasserrechnung.

由位于美国科罗拉多州的丹佛水协会（Denver Water Board）提出的极具挑战的目标——在 2015 年前减少 22% 的用水量——可能很难实现，但这样的提议确实是必要的。为达此目标，伴随着"只用你所需"的口号，极简主义风格的平面设计强调了应明智地使用水。在可供使用的广告位上，标语口号本身只占据了必要的空间。丹佛人为此活动筹款并积极推广，主动参与包括网络论坛、社区外延项目以及面对面的交流会等活动。人们能够感受到日常生活中遵循此原则所带来的好处，因为"只用你所需"还意味着"为你省钱"。

www.useonlywhatyouneed.org

Sukle Advertising + Design（美国）
2006-2009

322

表现你自己

广告海报
Advertising poster
Werbeplakat

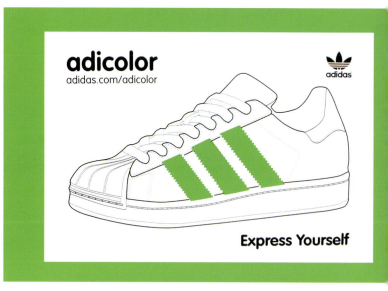

For its 2007 Australian ad campaign, Adidas proposed a simple but clever concept. The sober advertising poster presented four elements in black: the outline of a shoe, the logo, the campaign name and its slogan. The special feature was the brand's trademark three stripes, which were cut out so that the color, which gives the campaign its name, was simply the wall behind the poster. What makes this design eco-friendly is the color itself. Or rather, its lack thereof, since black and white printing reduces the waste of natural resources, and using color that already exists in the environment makes room for the tones that surround us in an unusual way.

Für eine australische Werbekampagne hat Adidas 2007 ein einfaches wie geniales Konzept umgesetzt. Das schlichte Werbeplakat zeigte vier schwarze Elemente: die Form eines Adidas-Schuhs, das Logo, den Namen und den Werbeslogan. Die Besonderheit bestand in den drei Streifen, dem Markenzeichen von Adidas. An diesen Stellen war das Plakat ausgespart, so dass die dort zu sehenden Muster oder Farben nichts anderes als die Wand hinter dem Plakat war. Umweltfreundlich waren bei diesem Konzept daher die Farben selbst. Der Schwarz-Weiß-Druck bedeutete einen geringeren Verbrauch von Umweltressourcen und durch die Verwendung der bereits bestehenden Farben war es zudem möglich, Kosten einzusparen.

2007 年阿迪达斯在澳大利亚举办的一系列宣传活动中推出了一个简单但巧妙的宣传理念。朴素的海报只用黑色表达了四个元素：鞋的轮廓、标志、活动名称和活动口号。其中极富特色之处是品牌商标的三条横杠做了镂空处理，由于海报后面是黑色的墙面，透过镂空的地方就呈现出黑色的活动名称。最让这则平面设计符合"生态友好"的就是它的用色，换句话说，单纯地使用黑白配色就是在节省自然资源，而对环境中已有颜色的运用则更是以别出心裁的方式丰富了设计的层次。

www.smartinc.com.au

John Mescall, Malcom Chambers and Rebecca Newman for SMART and adidas (澳大利亚)
2006

年轮磁铁
磁铁宣传运动
Campaign magnets
Magnet

"If every household in the U.S. replaced just one roll of paper towels with 100% recycled ones, we could save 544,000 trees." To raise awareness among Florida residents about the need to buy recycled-paper products, Greenpeace spread this message with a full-on guerrilla campaign. The words were printed on magnets portraying the section of a tree trunk and were positioned on the shelves of Fred Meyer stores underneath paper towel rolls made by companies that do not use recycled paper. The simple graphic of the magnets is powerful, since the consequences of the purchase are clear.

Um die Bevölkerung von Florida für den Kauf von Produkten aus Recyclingpapier zu sensibilisieren, startete Greenpeace eine sogenannte Guerilla-Kampagne. Magnete, die wie Jahresringe von einem Baum aussahen, und auf denen der Slogan „If every household in the U.S. replaced just one roll of paper towels with 100% recycled ones, we could save 544,000 trees" aufgedruckt war, wurden an Supermarktregalen angebracht. Firmen, die noch keine recycelten Rohstoffe verwenden, wurden so öffentlich angezeigt. Die simple Bildsprache der Magnete verfehlt ihre Wirkung nicht, da die Folgen für die Umwelt durch die Baumringe dem Verbraucher vor Augen geführt wurden.

"全美国的所有家庭只要能用可100%再循环的卷纸替代日常生活中所用纸巾的一卷,我们就能节省54.4万棵树木。"为了提高佛罗里达州居民使用可再循环纸制品的意识,绿色和平组织(Greenpeace)采用了一种"游击"的方式来宣传这句话。他们把这句话印在做成树木年轮形象的磁石上,然后放在一家名为Fred Meyer的杂货店的货架上,专门放在那些不肯使用再生纸的公司生产的卷纸下面。从人们购买数据的变化就可清楚看到这个简单的磁铁设计的有效性。

www.davebrowncreative.com

Dave Brown and Gen Nagy for Greenpeace (美国)
2006
原型

326

WWF纸盘

纸盘上的信息
Paper towel dispenser with a message
Papierspender mit Botschaft

It is hard for an everyday object to communicate a message as immediately as the paper towel dispenser proposed by WWF. The front of a standard dispenser is simply cut with a laser in the shape of South America and the dispenser is filled with strictly recycled paper towels. As the towels are gradually extracted, the grave consequences of this simple action on the green lungs of the planet become clear, since the continent is left black and empty. The dispenser also has a more tangible objective: that of spreading the message of using paper responsibly, because sales from its purchase contribute to a project to save the forests of South America.

Es ist für einen Alltagsgegenstand nicht einfach, eine Botschaft auf so direktem Weg zu vermitteln, wie es dieser vom WWF, vorgestellte Papierhandtuchspender leistet. Auf der Vorderseite wurde mit Lasertechnik der Umriss von Südamerika ausgeschnitten. Bei jeder Entnahme des Recycling-Papiers wird die Südamerikaform nach und nach schwarz und leer. Dem Benutzer wird so eindrucksvoll vorgeführt, welche beträchtlichen und schwerwiegenden Folgen seine alltägliche Handlung auf die „grüne Lunge" unserer Erde haben kann. Mit dem Papierspender wird aber auch ganz konkretes Ziel verfolgt. Denn neben der Sensibilisierung für einen bewussten Papierverbrauch, wird das aus dem Verkauf gewonnene Geld für den Schutz der südamerikanischen Wälder eingesetzt.

恐怕没有哪一种日常产品宣传信息的力度可以与WWF纸盘相比。这款纸盘的正面用激光切割出南美洲的轮廓，内置可再生纸制成的纸巾。随着纸巾逐渐被抽出，南美大陆变成黑色的空洞，这个简单的行为对我们的"地球之肺"的严重影响清晰直观。这款纸巾机还有一个目标：宣传用纸的责任——购买和销售可再生纸制品就是在为保护南美洲森林做一份贡献。

Cliff Kagawa Holm and Silas Jansson
for Saatchi & Saatchi Cph (丹麦)
2007

328

海岸清扫日

环境日
Ecological day
Umweltschutztag

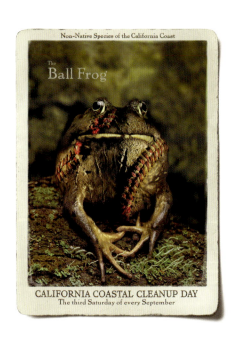

www.coastal.ca.gov

Paul Foulkes, Tyler Hampton and Jeffrey Goodby
for Goodby Silversten & Partners
and California Coastal Commission (美国)
2005

Sometimes a grotesque irony can help stir the conscience. This is what characterized the 2005 publicity campaign inspired by the government of California to raise awareness about safeguarding the coastal environment. For the postcards inviting people to a day of collective cleaning, a powerful graphic design was chosen in which the boundary between the natural and the artificial is confused: garbage forms such an integral part of the environment that it even traps an animal, to the point of substituting part of its body, conveying a fitting sense of unease. The universality of the message is such that anyone can feel called to the cause.

Um auf die Situation der Küstengebiete aufmerksam zu machen, startete die kalifornische Regierung 2005 eine Werbekampagne, die zum Nachdenken anregen sollte und in der die Bewohner aufgefordert wurden, an einem bestimmten Tag bei der Beseitigung der Abfälle zu helfen. Die surrealen Motive der Kampagne sollten schockieren und einen bleibenden Eindruck beim Betrachter hinterlassen. Bei den Plakaten ist die Grenze zwischen natürlichen und künstlichen Objekten aufgehoben. Die Müllberge werden Teil der Natur, ergreifen Besitz von den Tieren und verwachsen mit ihnen. Die Botschaft ist simpel und plakativ, so dass jeder sich angesprochen fühlt.

有时候荒诞的讽刺会有助于唤醒良知，2005年由加利福尼亚州政府发起的"提高民众保护海滨环境意识"的活动很好地证明了这一点。在邀请人们参加集体清洁活动的明信片上选择了非常震撼的图片，画面上自然和人工的边界变得模糊——垃圾竟然成为海滨的主角，它们将动物们困住，直到将其吞噬，画面传达出来的不安的感觉，令人震撼。

为自然而战
汽车与环境
The car and the environment
Auto und Umwelt

Even the automotive world is concerned about the environment. With a publicity campaign that shows the progress made in recent years towards sustainability, the Bologna Motor Show put the accent on the impact that motors have on the environment, a crucial issue for industrialized countries and, perhaps even more, for those in rapid development such as China. The graphics propose three "spokespersons" designed with motor parts—a tree, a horse and a seahorse—to illustrate certain facts about the auto world's increased environmental awareness. One of the messages read: "The air is alive. In the last 13 years, motors have gone from Euro 0 to Euro 4, thereby reducing emissions of particulates by 91%." It underlines the work accomplished by manufacturers but is also an invitation for drivers to commit themselves to the same venture.

Auch die Autowelt denkt an die Umwelt. 2007 zeigte eine Werbekampagne im Rahmen der Motor Show in Bologna die Fortschritte der Automobilbranche in Richtung Nachhaltigkeit. Die negativen Auswirkungen von Fahrzeugen auf die Umwelt wurden dabei nicht außer Acht gelassen. Vor allem für Industrieländer und für jene Länder, die sich rasant entwickeln, wie zum Beispiel China, ist dies eine zentrale Frage. Die Kampagne benutzt eine Metapher aus der Tier- und Pflanzenwelt: ein Baum, ein Pferd und ein Seepferdchen, die aus Motorteilen bestehen. Jedes dieser Motive erläutert anhand von Daten die zunehmende Beachtung der Umwelt durch die Autoindustrie. So erfährt man beim Baum-Bild mit dem Motto „Die Luft lebt", dass sich in den letzten 13 Jahren die Motoren von der Abgasnorm Euro 0 bis Euro 4 weiterentwickelten. Dadurch konnten Feinstaubemissionen um 91% vermindert werden. Die Botschaft unterstreicht nicht nur die durch die Autohersteller erbrachte Leistung, sondern soll gleichzeitig eine Aufforderung an alle Autofahrer sein, einen Beitrag zum Umweltschutz zu leisten.

即便汽车产业也同样关心环境问题。意大利博洛尼亚车展（Bologna Motor Show）展示了近年来人们朝可持续发展方向努力所取得的成果，同时也强调了汽车对工业国家环境产生的影响，而对那些发展迅猛的新兴国家，例如中国，情况甚至可能更严重。这个平面作品用汽车零部件设计了三个"发言人形象"——树、马和海马——来说明汽车业界里日益增长的环境意识。其中一条信息说："空气还活着。在过去的13年中，汽车排放标准从欧0升级到欧4，由此减少了91%的颗粒排放物。"这不仅是在强调制造商们所做出的努力，同时也是呼吁驾驶员们承担相应的责任。

Raffaele Balducci, Lorenzo Tommasi,
Nicola Rinaldo, Marco Filos and Edwin Herrera
for Armando Testa Advertising Agency
and Promotor/UNRAE (意大利)
2007

行星地球
地球的健康
The health of the planet
Gebrauchsanweisung für den Planeten Erde

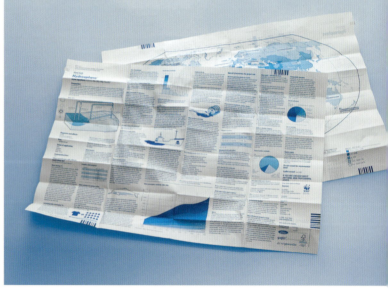

Austrian designer Angie Rattay seems to have found the cure for the precarious health of the planet, and she explains it all in the project "Planet Earth—Directions for Use". At first glance, the cardboard box looks like the package for a common medicine. Inside, however, are four drug-information leaflets showing the planet's various health problems and explaining the responsibility and ecological behavior required to save it. Explanatory texts, graphic illustrations and maps make it clear that only by following these behavioral directives will it be possible to succeed in this intent. So the only real medicine is the reader or the intended recipient of the campaign. Winner of the jury prize at the EDAwards 2008, Planet Earth was created out of recycled paper, printed with sustainable processes and distributed throughout Austria by public entities.

Die österreichische Designerin Angie Rattay hat scheinbar die Behandlung für den „kranken" Planeten Erde gefunden und erklärt diese in ihrem Projekt „Planet Earth – Gebrauchsinformation". In einer Schachtel, die wie eine gewöhnliche Medikamentenpackung aussieht, befinden sich vier Beipackzettel, die über die verschiedenen Umweltprobleme informieren und die jeweiligen Ursachen erläutern sowie ein umweltbewusstes Verhalten zur Rettung des Planeten aufzeigen. Texterklärungen, grafische Darstellungen und Landkarten betonen, dass nur durch Einhaltung von bestimmten Verhaltensregeln dieses Ziel erreicht werden kann. Aber das eigentliche und wirksamste Medikament ist der Leser, bzw. der Empfänger dieser Kampagne. Planet Earth besteht aus Recyclingpapier, wird mit nachhaltigen Prozessen gedruckt und von öffentlichen Einrichtungen verteilt. Das Projekt hat den Jury-Preis bei den EDAwards 2008 gewonnen.

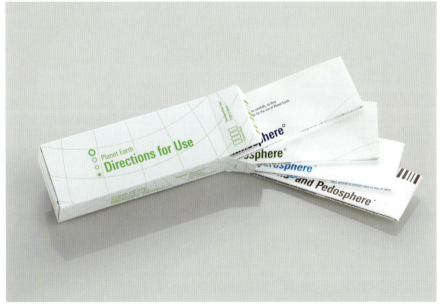

奥地利设计师安吉·劳陶伊（Angie Rattay）似乎从"行星地球——使用指南"项目中找到了改善地球危险状况的方法。第一眼看去，这个纸盒和普通的药品包装没什么区别，但是，里面有四张单页显示了地球目前各种各样的健康问题，并解释了为保护地球人们所需承担的责任和付出的生态行为。这些文字、插图和地图清晰地说明，只有遵守这样的行为指南才有可能成功达到目的。所以，真正的药物就是读者或这次活动的潜在受众。这个设计作品获得了 2008 年 EDAwards 的评委会大奖，行星地球（Planet Earth）由再生纸制作，运用环保技术印刷，并通过公共团体在整个奥地利派发。

www.angierattay.net

Angie Rattay and Ulrich Einweg for Angie Rattay Design (奥地利)
2007

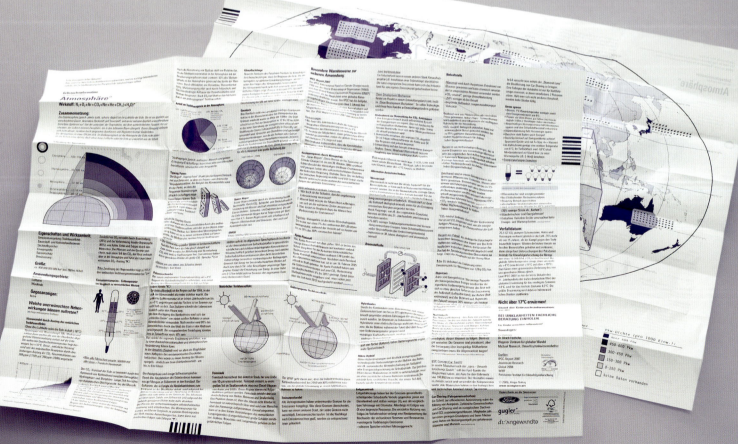

Dear Users!
Please read these instructions carefully, as they contain important information for the use of Planet Earth.

Planet Earth
Directions for Use

Atmosphere°

Dear Users!
Please read these instructions carefully, as they contain important information for the use of Planet Earth.

Planet Earth
Directions for Use

Biosphere°

Dear Users!
Please read
important info

Planet Earth
Directions for Use

Hydrosphere°

Dear Users!
Please read these instructions carefully, as they contain important information for the use of Planet Earth.

Planet Earth
Directions for Use

Litho- and Pedosphe

它有多重？

可持续运动
Sustainability campaign
Nachhaltigkeitskampagne

Did you know that for every cold, about 1lb of tissue paper is used, whose manufacturing produces 6.5 oz of carbon dioxide, and that in one year each person consumes about 6.5 lbs in total? Clearly, the issue of sustainability involves both the production and the consumption of objects. Starting from this premise, the Italian company Valcucine spread a promotional campaign throughout Milan that poses questions about the consequences of daily activities like shopping, answering a cell phone or looking for parking. The answers quoted on the posters quantify the resources used in terms of weight, clearly conveying the environmental impact of these activities. It is an example of an effective and informative campaign with the goal of making everyone aware of their responsibilities.

Wussten Sie, dass bei jedem Schnupfen durchschnittlich 0,5 kg Papiertaschentücher verbraucht werden, deren Herstellung 188 g Kohlendioxid verursachen, und dass jedes Jahr jeder Mensch etwa 3 kg davon benutzt? Nachhaltigkeit ist eine Verhaltensweise, die nicht nur die Produktion, sondern auch den Verbrauch berücksichtigt. Ausgehend von diesen Überlegungen hat das italienische Unternehmen Valcucine in Mailand eine Kommunikationskampagne gestartet, die die Folgen alltäglicher Handlungen, wie z. B. Einkaufen, einen Handyanruf entgegennehmen oder einen Parkplatz suchen, veranschaulicht. Die Plakate beantworten bestimmte Fragen, indem der Verbrauch der Ressourcen in Kilogramm angegeben wird. Sie zeigen so deutlich die Auswirkungen auf unsere Umwelt. Ziel ist es, mit einer durchaus wirksamen Kampagne das Umweltbewusstsein der Menschen zu stärken.

你知道吗：人们每次感冒都要用掉多达约 0.5 千克的纸巾，这些纸巾的制造过程会产生 188 克的二氧化碳，而每年每个人会用掉约 3 千克纸巾！很显然，可持续问题既体现在生产环节中又体现在消费环节中。基于这个前提，意大利公司 Valcucine 在米兰通过对日常活动对环境的影响提问的方式发起了一项宣传活动，如购物、接电话、泊车等。海报上引用了用重量来量化人们资源消耗的数据，清晰地传达了这些活动对环境产生的影响。这是一个令人印象深刻的教育活动案例，目的是使每个人都意识到他的责任。

www.valcucine.it

Daniele Prosdocimo, Gianluca Gruarin
for Valcucine and Ismaele De Pas for Zonatortona
(意大利)
2007

罗马喷泉地图

地图还是水壶？
Map/flask
Trinkflasche/Stadtplan

The life of a city map for tourists tends to last about as long as a vacation. With this in mind, young designer Emanuele Pizzolorusso came up with the idea of printing a map of Rome on a soft, multi-layer package so it can double as a water flask. The map would be distributed empty, and therefore two-dimensional, at various information hubs throughout the city. By indicating all the public fountains in the center, it also promotes the use of public drinking water over plastic bottles, thereby avoiding the grave environmental impact that goes with them. In addition to being informative and educational, Roma Fountains Map becomes a practical, re-usable souvenir.

Die Lebenszeit von Stadtplänen ist meistens auf die Länge eines Urlaubs begrenzt. Das Projekt des jungen Designers Emanuele Pizzolorusso besteht in einem Rom-Stadtplan mit doppelter Funktion: der Plan ist auf einem weichen, mehrschichtigen Beutel gedruckt, der als Trinkflasche benutzt werden kann. Der Beutel wird den Touristen in den verschiedenen Informationsstellen leer übergeben. Auf dem abgebildeten Plan sind alle Brunnen des historischen Stadtzentrums verzeichnet, so dass der Tourist das öffentliche Trinkwasser statt der üblichen Plastikflaschen nutzen kann. Die gravierenden Umweltauswirkungen, die durch die Herstellung der unzähligen PET-Fläschchen verursacht werden, könnten so reduziert werden. Abgesehen von der informativen und lehrreichen Funktion der Roma Fountains Map ist dieser Plan gleichzeitig auch ein nützliches Souvenir, das man immer wieder verwenden kann.

对于旅游者来说，城市地图的寿命通常会持续到整个旅行结束，年轻的设计师埃马努埃莱·皮佐洛鲁索（Emanuele Pizzolorusso）由此想出将罗马地图印在一个软质的多层材质的包装上，使它同时还可以作为一个水瓶使用。水瓶空着的时候，地图可以展平，城市各种节点的信息是二维的，上面标注了所有市中心的公共喷泉地点，还促进了饮用公共饮用水，减少塑料瓶的使用，从而减少对环境的影响。除了教育意义，罗马喷泉地图还成为一个有实用价值的可再利用的纪念品。

www.pizzolorusso.com

Emanuele Pizzolorusso
for Mini Design Award (意大利)
2008
原型

附录

Appendix
Anhang

术语简表
Glossary
Glossar

Alternative energy
The use of sources other than oil for the production of energy, including renewable, natural elements (biomass) or inexhaustible fuels (wind, sun, hydrogen and water) that can be found anywhere. Alternative energy, also called "green" or "clean," can be obtained through the controlled combustion of biomass and the use of wind vanes, photovoltaic cells or combustion cells (fuel cells) to transform hydrogen (the simplest application of which are PEM cells).

Biodegradability
This term was first used in the 20th century to indicate the ability of a compound to separate into simple elements and re-enter the cycle of nature. It takes on more specific meanings according to the scientific environment (geology, physics, chemistry or biochemistry).

Community outreach
This expression covers the involvement of components that are not directly tied to a given community and therefore refers to the wider community. In the world of communications and multimedia, it indicates reaching new sectors of the community, with the objective of acquiring more credibility and opportunities by branching out from one specific target.

Eco-compatibility
This defines how compatible an industrial system and its product and processes are with the environment. A product is defined as eco-compatible when it has a well-established relationship with its context. Such a relationship ensures functionality and well-being with reduced consumption of resources and a low level of pollution. In this sense, an eco-compatible product promotes sustainable development in environmental, economic and social terms.

Environmental impact
The set of effects on the environment caused by an event, action or behavior. Also understood broadly to relate to social and economic contexts.

Environmental Product Declaration (EPD)
Associated with the European ISO 14000 regulation, it informs consumers of the characteristics and environmental performance of a product in an objective, comparable and credible way. To that end, an analysis of the environmental aspects and the potential impact for the entire life cycle of the product is carried out (LCA - Life Cycle Assessment). The EPD is voluntary and can be certified by the company internally or by external bodies.

Ergonomics
A scientific discipline that studies the interaction between human beings and the elements of a given system. Its purpose is to optimize human well-being and product performance.

Ethylene Vinyl Acetate (EVA)
A copolymer derived from ethylene and vinyl acetate. It is used, for example, in plastic food wrap, toys and for various products in the electrical, medical and footwear fields.

Expanded polypropylene (EPP)
A very hard, elastic polymer resistant to repeated bending. It has greater structural stability when subjected to heat than other common polymers and is impermeable to most chemical substances. EPP is used widely in everything from furniture and toys to shock absorbers in the automotive world.

Guerrilla marketing
A low-budget advertising campaign aimed at provoking surprise. The definition was

Alternative Energien
Energiequellen, die eine Alternative zum Erdöl bilden und die durch die Nutzung von natürlichen erneuerbaren Elementen (Biomasse) oder unerschöpflichen Elementen (Wind, Sonne, Wasserstoff, Wasser), die überall vorhanden sind, entstehen. Diese „grünen" oder „sauberen" Energien können aus verschiedenen Quellen stammen: aus der kontrollierten Verbrennung von Biomasse, der Verwendung von Windenergieanlagen, Solarzellen oder Brennstoffzellen (fuel cell) zur Wandlung von chemischer in elektrischer Energie (die einfachste Anwendung hierbei ist die Protonen-Austausch-Membran).

Biologisch abbaubar
Dieser Begriff entstand im 20. Jahrhundert und beschreibt die Fähigkeit einer chemischen Verbindung, sich in einfache Elemente zu teilen, die wieder in den natürlichen Zyklus eintreten können. Je nach Fachbereich (Geologie, Physik, Chemie, Biochemie) erhält der Begriff eine spezifischere Bedeutung.

Community outreach
Ist die Einbeziehung von Mitgliedern, die nicht direkt mit einer bestimmten Gemeinschaft (community) verbunden sind. In diesem Sinne ist von einer „erweiterten Gemeinschaft" die Rede. In der Kommunikations- und Multimediabranche bezeichnet dieser Begriff die Einbindung neuer Sektoren in eine Gemeinschaft mit dem Ziel, dadurch mehr Glaubwürdigkeit zu erwerben und durch das Austreten aus einer spezifischen Zielgruppe mehr Möglichkeiten zu haben.

Environmental Product Declaration (EPD)
Die Umweltproduktdeklaration entstand auf Basis der europäischen Norm ISO 14000 und hat zum Ziel, den Endverbraucher auf objektive, vergleichbare und glaubwürdige Weise über die umweltfreundlichen Eigen-

schaften und Leistungen eines Produktes zu informieren. Zu diesem Zweck werden Analysen zum Lebenszyklus des Produktes (LCA - Life Cycle Assessment) durchgeführt, sowie die Umweltaspekte und potentiellen Auswirkungen während des gesamten Lebenszyklus des Produktes untersucht. Die EPD ist freiwillig und kann firmenintern oder durch außenstehende Organe zertifiziert werden.

Ergonomie
Ist eine Wissenschaft, die die Interaktion zwischen Mensch und den Elementen eines gegebenen Systems untersucht. Ziel der Ergonomie ist die Vereinbarung eines besseren menschlichen Befindens mit höheren Produktleistungen.

Ethylenvinylacetat (EVA)
Ist ein Copolymer, das aus Ethylen und Vinylacetat gewonnen wird. Es findet Anwendung bei Frischhaltefolien für Nahrungsmittel, bei Spielsachen, bei elektrischen und medizinischen Anwendungen und bei der Schuhherstellung.

Expandiertes Polypropylen (EPP)
Ist ein sehr beständiges und elastisches Polymer, das wiederholten Biegungen standhält. Im Vergleich zu anderen Polymeren ist es temperaturbeständiger. Es weist zudem eine gute Beständigkeit gegen den Großteil der chemischen Stoffe auf, sofern es nicht übermäßig hohen Temperaturen ausgesetzt wird. EPP wird in vielen verschiedenen Marktbereichen eingesetzt, von Ausstattungsgegenständen über Spiele bis hin zu Autoteilen.

Guerilla-Marketing
Der Begriff wurde 1984 vom amerikanischen Werbefachmann Jay Conrad Levinson geprägt. Er bezeichnet eine Werbeaktion, die mit geringem wirtschaftlichem Aufwand einen Überraschungseffekt bezweckt. Die eingesetzten Mittel sind unkonventionell

可替代能源

利用除了石油以外的其他能源进行工业生产已经随处可见，这些能源包括可再生能源、天然能源以及取之不尽用之不竭的能源（风能、太阳能、氢和水）。可替代能源亦称"绿色"能源或"清洁"能源，我们可以通过可控的生物氧化作用或者使用风叶、光伏电池、燃烧电池（燃料电池）转化为氢而获取它们（如PEM电池就是最简单的应用实例）。

可生物降解力

可生物降解力一词最早出现在20世纪，指复合材料可分解为单一元素并重新进入自然循环的能力。在不同的科学领域（如地理、物理、化学或生物化学）这一词可能有更多特定含义。

社区延伸

这一概念涵盖广泛，它并不特指某一具体的社区，而是泛指广大众多的社区。在这个注重交流和使用多媒体技术的时代，这一概念表明了社区的含义已延伸至一个新的领域，通过这种延伸与扩展，可以达到获取更大信誉和更多机会的目的。

生态相容性

指一个工业系统的产品、生产工艺与环境的相容程度。只有当产品与环境建立起良好的关系时，才能将其称为与生态相容的产品。生态相容意味着产品具有实用性、能够减少资源消耗以及具有较低的污染水平。在这个意义上，一个与生态相容的产品能够促进环境、经济、社会的可持续发展。

环境影响

指事件、活动或行为对环境产生的影响，亦可以更广泛地理解为对社会、经济的影响。

环保产品公告（EPD）

依据欧洲ISO14000标准，通过对产品整个生命周期中对于环境各方面的影响或潜在影响做出分析（LCA——生命周期评估），以客观的、可比较的、可靠的方式告诉消费者一个产品的特性与环保性能。EPD是自愿申请，可以由公司内部或外部团体认证。

人体工学

研究人与特定系统中各元素相互作用的科学，目的是优化人的效率与产品性能。

醋酸乙烯共聚物（EVA）

EVA塑料是一种从乙烯和醋酸乙烯

coined in 1984 by U.S. adman Jay Conrad Levinson. The means used are unconventional, often aggressive and appeal to the psychological mechanisms of the intended user.

Hydroponic plants
Plants that grow in water. The general definition extends however to all plants that can live outside soil with their roots submerged in a nutritious solution. In hydroponic cultures the nutritional elements are dissolved in water and easily absorbed, which causes the plants to grow faster.

Life cycle
The entire life span of a product: from the extraction of its raw materials (with their various transformations and attendant transport); to all assembly and finishing operations that make the final product ready for the market; through the entire period of its use; and finally to the disposal phase when the product is destined for various methods of demolition or disassembly, depending on whether its materials or some of its parts can be recycled, recovered or reused.

Macrophyte purification system
Natural water purification that takes place through so-called macrophytes. These aquatic plants absorb oxygen and conduct it to the roots. Within a few months, they are covered in a film of bacteria, which facilitates the purification. The system includes water sediment basins, a filtration section with plants and a final purification process.

Non-renewable sources
Energy and material resources that tend to run out over the long-term and are therefore expensive and contaminate the environment. They include combustible fossil fuels like coal, oil, natural gas and uranium (for nuclear fission). In general, such resources are concentrated in a few areas of the planet and often in the hands of a small number of multinational corporations.

Mono-material
Adjective for a product created with just one material.

No-oil plastics
Polymers that derive from organic substances.

Oil plastics
Polymers that derive from oil.

Open-source
This term is normally used to indicate software that can be accessed freely, at no cost, and downloaded online, for example. Those who hold the rights to this software promote the improvement of the product by allowing users to make changes.

Polyethylene (PE)
The most common, simple polymer. It is easily workable since it becomes malleable and elastic when subjected to heat. It is used in telephone and television cables because of its excellent insulating properties. Like many other polymers, polyethylene can be expanded; that is, it can assume a porous structure that guarantees increased thermal and acoustic insulation. It is also often used to make packaging, containers, protective surfaces, back pads for knapsacks, gadgets, etc.

Polyethylene terephthalate (PET)
A polymer used for the production of liquid and food containers, photographic equipment, and audio and video cassette tapes. Its compatibility with food is sanctioned by the regulations of several countries.

Polylactic Acid (PLA)
A polymer derived from starch. Its characteristics fall somewhere between those of PET and polyester. It is unique for its biodegradability in the presence of hydrolysis (the split of a substance into two or more components upon contact with water) at a temperature higher than 60°C and a humidity greater than 20%.

Polymer
Plastic material.

Polymer Electrolyte Membrane (PEM) Cell
See ALTERNATIVE ENERGY.

Polystyrene (PS)
A thermoplastic polymer, which means that it is malleable and elastic when subjected to heat. It is colorless, transparent and very rigid and is used in many sectors (e.g. food, domestic and industrial). In fact, it is used in the production of transparent and colored containers, kitchenware, automobiles and electrical appliances like washing machines, dishwashers and fridges.

und oft aggressiv und zielen auf die Auslösung psychologischer Mechanismen bei den Konsumenten ab.

Hydrokultur
Form der Pflanzenhaltung, bei der die Pflanzen nicht im Boden, sondern in einer nährenden Lösung wurzeln. Bei Hydrokulturen werden die Nährstoffe in Wasser aufgelöst und sind so einfach absorbierbar. Einige Pflanzen gedeihen dadurch schneller.

Lebenszyklus
Gesamte Lebensdauer eines Produktes. Diese beginnt bei der Gewinnung der Rohstoffe (mit den entsprechenden Transformationen und Transporten). Sie beinhaltet auch alle Vorgänge zur Zusammensetzung oder Nacharbeit, die zum fertigen Endprodukt, das auf den Markt gebracht wird, führen und die anschließende Nutzungsdauer. Sie schließt sich zum Zeitpunkt der Entsorgung ab, wenn das Produkt den verschiedenen Prozessen zur Verschrottung oder Zerlegung unterzogen wird. Je nach Möglichkeit wird das Produkt recycelt, wieder verwertet oder die Materialien aus denen es besteht bzw. seine Bauteile werden wieder verwendet.

Monomaterial
Ein Produkt wurde mit einem einzigen Material hergestellt.

Nachhaltigkeit
1987 legte die Weltkommission für Umwelt und Entwicklung der UNO (WCED) in dem so genannten „Brundtland-Bericht" eine Definition von Nachhaltigkeit bzw. nachhaltiger Entwicklung fest, die heute universell anerkannt ist: „Nachhaltige Entwicklung ist Entwicklung, *die die Bedürfnisse der Gegenwart befriedigt, ohne zu riskieren, dass künftige Generationen ihre eigenen Bedürfnisse nicht befriedigen können*". Heute wird Nachhaltigkeit auch im Hinblick auf Umwelt, Gesellschaft, Wirtschaft und Kultur betrachtet. Während Nachhaltigkeit im Bezug auf die Umwelt klar quantifizierbar ist, da sie die dauerhafte Erhaltung des physischen Gleichgewichts der Geo- und Biosphäre impliziert, bezieht sich gesellschaftliche Nachhaltigkeit auf das abstrakte und qualitative Konzept des Wohlstandes. Nachhaltige Gesellschaften bevorzugen zudem Produkte, die die Umweltbedürfnisse durch einen minimalen Verbrauch an Ressourcen berücksichtigen. Kulturelle Nachhaltigkeit bezieht sich auf die qualita-

tiven Aspekte des menschlichen Lebens und betrifft die Kontinuität zwischen den Generationen. Wirtschaftliche Nachhaltigkeit stellt schließlich sicher, dass Impulse unternehmerischen Handelns und die damit einhergehenden Entwicklungen das jeweilige Gebiet und die darin vorkommenden Ressourcen nicht gefährden.

Nicht erneuerbare Energienquellen
Sind Energie- und Materialquellen, die sich langfristig aufbrauchen und aus Sicht der Umwelt zu kostspielig und verschmutzend sind. Sie umfassen fossile Brennstoffe wie Kohle, Erdöl, Erdgas und Uran (für die Kernspaltung). Im Allgemeinen sind diese Rohstoffquellen nur in bestimmten Gebieten zu finden und stehen oft unter der Kontrolle weniger multinationaler Konzerne.

„No-oil-Kunststoffe"
Polymere, die aus organischen Stoffen gewonnen werden.

„Oil-Kunststoffe"
Polymere, die aus Erdöl gewonnen werden.

Open Source
Dieser Begriff meint „quelloffen" und bezeichnet normalerweise eine Software, die frei zugänglich ist und kostenlos im Internet heruntergeladen werden kann. Die Lizenzinhaber dieser Software erlauben den Benutzern, Änderungen vorzunehmen und fördern somit die Verbesserung und Weiterentwicklung des Produktes.

Polyethylen (PE)
Polyethylen ist das weit verbreiteste und einfachste Polymer. Es ist leicht zu verarbeiten, da es durch den Einfluss von Wärme verformbar ist. Auf Grund seiner ausgezeichneten Isolierfähigkeiten wird es für die Herstellung von Telefon- und Fernsehkabeln verwendet. Wie viele andere Polymere kann auch Polyethylen in der expandierten Form verwendet werden, d.h. es kann eine poröse Struktur annehmen, die eine hohe thermische und akustische Isolierung gewährleistet. Häufig wird Polyethylen bei der Herstellung von Verpackungsmaterial, Behältern, Schutzteilen, Rucksackrücken, Gadgets etc. verwendet.

Polyethylenterephthalat (PET)
Ist ein Polymer, das für die Herstellung von Flüssigkeits- und Nahrungsmittelbehältern sowie für Fotoausrüstungen, Audiobändern oder Videokassetten verwendet wird. Die Nahrungsmittelverträglichkeit wird in vielen

酯中提取出来的共聚物。可用于制作食品的外包装、玩具、各种电子产品、医药产品以及鞋类产品。

发泡聚丙烯（EPP）
一种刚性好、有弹性的聚合物。在受热时，EPP 比其他聚合物具有更好的结构稳定性，大部分化学物质都无法渗透 EPP。EPP 广泛运用于各个领域，包括家具、玩具、汽车减振器等。

游击营销
致力于花费很少的钱吸引消费者注意的广告活动，这一概念最早在 1984 年由美国广告人杰伊·康拉德·莱文森（Jay Conrad Levinson）提出，主要运用反传统的、富有侵略性的手法，对目标用户造成心理冲击。

营养液植物
原指生长在水里的植物，然而这个词现已经外延到泛指所有根浸在营养液里、不在土壤里生长的植物。在营养液种植方法中，养分被溶解入水里、易于吸收，使植物能够格外快速地生长。

生命周期
一个产品的整个生命周期包括：从原材料的提炼（包括各种成型加工和相关运输过程），到全部零部件组装和表面处理，到最后的产品进入市场销售，再接着贯穿产品的整个使用过程，直到最后的报废阶段，根据产品的材料或者零部件是否能够可再回收、再修复或再利用，通过各种方法废弃或者拆分。

植物净化系统
通过叫做 macrophytes 的植物进行净化的天然水净化系统。这种水生植物吸收氧气并导入根部，几个月后植物表面覆盖上一层能够净化水的细菌。这个系统包括水的沉淀槽、过滤部分和最后的净化过程。

非再生资源
从长期来看可能耗尽的能源和材料资源，因而也更昂贵和对环境造成影响。这类资源包括可燃的化石燃料，如煤、石油、天然气和铀（用于核裂变）。总的来说，这类资源集中于地球的局部区域，为少数几个跨国公司所掌握。

单质
形容一个产品仅用一种材料制成。

非石油塑料
从有机物质中提取的聚合物。

石油塑料
从石油中提取的聚合物。

公开源代码
通常用于表示可以自由接入的软件，不收费，可在线下载。对这类软件持有版权的人通过允许广大用户改变代码而促进软件的改进。

聚乙烯（PE）
最常用的简单聚合物，由于受热后有良好的延展性和柔韧性，因而加工性能好。聚乙烯具有优秀的绝缘性能，常用于制造电话和电视线缆。此外，跟其他聚合物一样，其延展性使其能够形成多孔结构以提高隔

Prototype
The first element in a potential series. Since it is created before a product enters industrial production, it is useful for the evaluation of costs, time and market response. When non-functional, it is referred to as a model.

PVC
PVC (Polyvinyl chloride) is a polymer that can be produced in a flexible or a rigid form. Its main characteristics are resistance to deformation, breakage and disintegration. It is usually used in the building, packaging and paper and cardboard industries.

Rapid prototyping
A recently-developed procedure in the production of prototypes. The object is designed on a computer through a description of its surfaces. The file thus defined is sent to the prototyping machine, which creates the prototype by combining layers of material. Forms that are very complex and difficult to create with traditional methods can be obtained in this way. Various materials can be used, including paper, thermoplastic polymers and metallic and silicone powders.

Re-conditioning or re-generation
When damaged or worn-out components of a product are replaced during the disposal phase and the product can thus be re-introduced to the market.

Sustainability
In 1987, in a document called "The Brundtland Report," the U.N. World Commission on Environment and Development (WCED) established a definition of sustainability, or sustainable development, that remains universally recognized: "development that meets the needs of the present without compromising the ability of future generations to meet their own needs." Today, sustainability is understood in environmental, social, economic and cultural terms. Environmental sustainability is a quantifiable concept regarding the maintenance of a physical equilibrium of geospheres and biospheres over time. Social sustainability, on the other hand, refers to the abstract concept of wellbeing. Sustainable societies favor products that respect environmental needs with a minimal consumption of resources. Cultural sustainability refers to qualitative aspects of human life with intergenerational continuity as its objective. Economic sustainability, finally, ensures that entrepreneurial work and development do not put land and resources at risk.

Ländern durch gesetzliche Vorschriften geregelt.

Polylactide (PLA)
Auch „Polymilchsäure" genannt, ist ein aus Stärke gewonnenes Polymer. Seine Eigenschaften liegen zwischen denen von PET und Polyester. Sein Mehrwert besteht darin, dass es bei einer Hydrolyse (Spaltung eines chemischen Stoffes in ein oder mehrere Bestandteile durch Reaktion mit Wasser) bei einer Temperatur über 60 °C und einer Feuchtigkeit über 20% biologisch abbaubar ist.

Polymer
Kunststoff.

Polymer Electrolyte Membrane Cell (PEM)
Siehe ALTERNATIVE ENERGIEN.

Polystyrol (PS)
Ist ein Thermoplast, d.h. ein farbloser, durchsichtiger und sehr fester, in einem bestimmten Temperaturbereich einfach verformbarer und elastischer Kunststoff. Er wird in vielen verschiedenen Bereichen eingesetzt (Nahrungsmittel, Haushalt, Industrie), u.a. für durchsichtige und farbige Behälter, Geschirr oder bei der Herstellung von Haushaltsgeräten wie Geschirrspüler, Kühlschränke oder auch Autos.

Polyvinylchlorid (PVC)
PVC ist ein Polymer (= chemische Verbindung), das sowohl in flexibler als auch in fester Form hergestellt werden kann. Seine wichtigsten Eigenschaften sind die Beständigkeit gegenüber Verformungen, Brüchen oder Verfall. Üblicherweise wird dieses Material im Bauwesen, bei Verpackungen und bei der Papiererzeugung verwendet.

Prototyp
Ein Vorabexemplar einer späteren möglichen Serienfertigung. Es wird hergestellt, bevor ein Produkt einer industriellen Produktion unterzogen wird. Es dient der Überprüfung der Kosten, der Lebenszeit und der Rezeption auf dem Markt. Wenn der Prototyp nicht funktionsfähig ist, wird er als Modell bezeichnet.

Rapid Prototyping
Auch Schneller Prototypenbau genannt, bezeichnet ein neues Verfahren zur schnellen Herstellung von Musterbauteilen. Das Objekt wird aufgrund der Beschreibung seiner Oberflächen am Computer nachgezeichnet. Die so entstandene Datei wird an die Maschine für den Prototypenbau übertragen, die den Prototypen durch

Addierung der verschiedenen Materialschichten erstellt. So können sehr komplexe und schwierige Formen, die mit herkömmlichen Methoden nur schwer realisierbar wären, gestaltet werden. Es können dabei auch verschiedene Materialien verwendet werden wie Papier, Thermoplaste, Metall- und Siliziumstaub.

Refurbishing
Bezeichnet die Ersetzung von beschädigten oder abgenutzten Bauteilen eines Gegenstandes, wodurch das Produkt nicht entsorgt, sondern erneut auf den Markt gebracht werden kann.

Umweltauswirkungen
Gesamtheit der Auswirkungen auf die Umwelt, die durch ein Ereignis, eine Handlung oder ein Verhalten herbeigeführt werden. Neben den primären Umweltauswirkungen können auch Folgewirkungen auf die Gesellschaft und Wirtschaft auftreten.

Umweltverträglichkeit
Beschreibt die Verträglichkeit industrieller Systeme und ihrer Produkte und Prozesse mit der Umwelt. Ein Produkt wird als umweltverträglich bezeichnet, wenn es verschiedene Kriterien erfüllt. Dabei sollten Funktionalität und Wohlbefinden bei einem reduzierten Verbrauch von Ressourcen und einem niedrigen Umweltverschmutzungsgrad gewährleistet werden. In diesem Sinne fördert ein umweltverträgliches Produkt die nachhaltige Entwicklung mit Rücksicht auf die Umwelt, die Wirtschaft und die Gesellschaft.

Wasseraufbereitung durch Pflanzen („Phytoreinigung")
Es ist ein natürliches Wasseraufbereitungssystem, das durch so genannte Makrophyten erfolgt. Diese Wasserpflanzen können Sauerstoff von außen aufnehmen und ihn zu ihren Wurzeln leiten. Innerhalb von wenigen Monaten werden diese mit einer Bakterienschicht bedeckt, die die Wasseraufbereitung übernimmt. Das Wasseraufbereitungssystem besteht aus Wannen, einer Filteranlage mit Pflanzen und einer Endaufbereitungsanlage.

热隔声性能。聚乙烯还经常作为包装、集装箱的制造材料和表面保护材料，以及制造背包或小型电子产品的支撑板。

聚对苯二甲酸乙二酯（PET）
一种可用于制造饮料或食品容器、摄影器材和视听磁带的聚合物。由于在食品中有一定溶解性，一些国家已立法禁止使用。

聚乳酸（PLA）
一种从淀粉中提取出来的聚合物，化学性能介于PET和聚酯之间，其独特性在于可生物降解，即在温度高于60℃、相对湿度大于20%的环境下可水解（在接触水后可分解为两种或两种以上物质）。

聚合物
指塑料材料。

聚合物电解质薄膜电池（PEM）
见"可替代能源"。

聚苯乙烯（PS）
一种热塑性塑料，受热后具有良好的延展性和柔软性。材料无色、透明、坚硬，用于很多领域（如食品、日常用品和工业产品）。聚苯乙烯用于生产透明的或彩色容器、厨房器具、汽车以及电子产品，如洗衣机、洗碗机和冰箱等。

原型
主要指研发过程中形成实际产品的前一阶段，由于是在产品真正进入实际生产环节前制造出来的，对于评估产品的成本、周期以及市场反应有重要作用，当不具有实际功能时，就指模型。

PVC
PVC（聚氯乙烯）是一种聚合物，可制造出灵活及精确的产品形态，主要特点是不易变形、破损和不易分解，通常用于建筑、包装、造纸和纸板业。

快速成型
最近在原型制造领域发展起来的一种工艺。用计算机设计、建模，然后将文件导入快速成型机器，后者可以将材料分层堆积制出原型。这种工艺适合制造用传统方法难以制造的非常复杂的形态。各种材料均可使用，包括纸、热塑性塑料和金属粉末及硅胶粉末。

再处理或再生
指在产品报废后将其残破或失效的零部件置换后，产品能重新进入市场。

可持续性
1987年，在一份叫做"布伦特兰报告"（The Brundtland Report）中，联合国环境与发展委员会（WCED）建立了至今仍得到广泛认可的可持续性或可持续发展的概念："发展应在满足目前需求的同时，不牺牲未来一代满足其需求的能力"。今天，可持续性在环境、社会、经济和文化各个领域得到广泛认同。环境可持续性已经发展为一个关于维护地球生态长期自然平衡的可量化的概念；社会可持续性则指幸福指数等抽象概念，可持续发展的社会应倡导保护环境、消耗最少自然资源的产品；文化的可持续性则指将人类生活形态的世代延续作为目标；最后，经济的可持续性指保证企业运营和发展的同时不以浪费土地和资源为代价。

图片致谢
Photo credits
Bildnachweis

空中客车Eureka: INGEENIUM Creative Mobility
Aquaduct: IDEO
大西洋零排放: Alberto Cervetti
Bel-Air: © Veronique Huyghe
Bendant Lamp: Robert Hakalski
BH-701: p. 165: Nokia; pp. 164, 166, 167: Laura Giordano for BackLight
Bikedispenser: Herman van Ommen
BioLogic: 摄影工作室: Superstudio 13, Milan; 摄影: Santi Caleca
BOOTLEG: Gruppo S.p.a.
BUCCIA: Makio Hasuike & Co.
卷心菜椅子: Masayuki Hayashi
Catifa: arper
CityCruiser: p. 186: Trixi.com; p. 187: Veloform GmbH, Rodney Prynne; pp. 188-189: Veloform GmbH, Michael Richter
海岸清扫日: Claude Shade
咖啡桌: Studio BoCa
曲奇饼杯: Lavazza; Fabrizio Esposito for BackLight

CORON: Nahoko Koyama and MIXKO
C.OVER: Greenwitch
Creatures: Gerard van Hees
Crocs: Crocs
Czeers: Czeers Solarboats
Dopie: Dopie
可以喝水的明信片: Paolo Ulian
Dyson Airblade™: Dyson
easyglider X6: Easy-Glider AG
Eco-chic: Gattinoni
EcoStapler: Laura Giordano for BackLight
EcoWay: Shahar Aharoni
能源桶: Curzio Castellan
ENV: Intelligent Energy
EVA: adriano design
表现你自己: SMART
为自然而战: Armando Testa Advertising Agency
FLAKE: Woodnotes
FLUIDA.IT: Carlo Coppitz

Foldschool: www.kuengfu.ch
Fontanella: Massimo Gattel
F50 Tunit: adidas AG
环保瓶子: www.blink2.co.uk
绿色厨房: Claudio Sdorza, Milka Eskola
GROW.2: Teresita Cochran
Handpresso: Nielsen Innovation
它有多重?: Valcucine
H-RACER FCJJ-18: Horizon Fuel Cell Technologies
ic! berlin: ic! berlin
我不是一个塑料包: p. 236: Anya Hindmarch; p. 237: Steven Emberton
iSave: Being Object Design
Kada: Miro Zagnoli
Kitchenette: Petra Dijkstra
Lanikai: Akemi Hayami
Light Wind: Ingmar Cramers
Local River: p. 48 (左图), p. 49: Gaetan Robillard; p. 48 (右图), pp. 50 and 51: Mathieu Lehanneur
Loco: LIFE PESARO

MARBELLA: Juan Antonio Monsalve
Mix: p. 136: Ivan Sarfatti; p. 137: Leo Torri
模块化鸟窝: RESOLUTION: 4 ARCHITECTURE
天然与未来®: p. 254: Fiona Aboud; pp. 255, 256, 257: Simon Gerzina
网椅: Alessandro Paderni
One: Thomas J. Owen
Ori.Tami: Ezio Prandini, Campeggi
ornj bags: Rachel Angelini
Pandora Card: Pandora design
纸篓: Miro Zagnoli
Parans SP2: Parans
Phylla: Centro Ricerche Fiat
地球健康: © Jansenberger
PlanetSolar: PlanetSolar
PlantLove: Cargo Cosmetics
PlayMais®: Cornpack GmbH & Co. KG
Play Rethink: p. 280 (上图): Rethink Games; p. 280 (下图) Jaime Robb; p. 281: Yolanda Burgos Maturana
Postaphone: Priestmangoode

Puppy: Me Too Collection by Magis: Magis
Remade: p. 170: Nokia; pp. 171, 172, 173: 摄影 © Nokia 2007
River Glow: The Living
罗马喷泉地图: Emanuele Pizzolorusso
Sac à faire: Marlene Liska
Sedici animali: Gio Pini
Segway i2: Segway Inc., 版权所有© 2009
Sky: pp. 140, 141, 142: Tom Vack; p. 143: Ivan Sarfatti
软碗: Robert Hakalski
柔性系列: Todd MacAllen
Solar Beach Tote: Reware
Solar Impulse: pp. 214, 215 (上图), 216-217: © Solar Impulse/EPFL Claudio Leonardi; p. 215 (下图): © Solar Impulse/Stéphane Gros
SolarStore: pp. 154, 155 (下图): Laura Giordano for BackLight; p. 155 (上图): Industrial Design Consultancy Ltd.
太阳能路灯: Nikola Knezevic
Solio Classic: Better Energy Systems

劈裂的竹子: Jinhong Lin
淀粉椅: Max Lamb
Sugar & Spice: ©2008 WOLVERINE WORLD WIDE INC.
Sushehat: Peter De Vries
systemX: N/A
Tavolo Infinito: Studio H2O
瓷砖厨房: Function tiles for Droog (Dry Bathing project) by Arnout Visser, Erik Jan Kwakkel and Peter van der Jagt. 摄影: E. Moritz
年轮磁铁: Dave Brown
Upon Floor: Ingmar Kurth
USBCELL: Axel Michel
Use only what you need: Denver Water, 2009
Viking: Poltrona Frau
WWF 纸盘: Laura Giordano for BackLight
XO: fuseproject
Zeno: Leo Torri
360° 纸质水瓶: Brandimage

著作权合同登记图字：01-2011-3353号

图书在版编目（CIP）数据

国际工业产品生态设计100例 /（意）巴尔贝罗，科佐著；宫晓东等译. —北京：中国建筑工业出版社，2011.11
ISBN 978-7-112-13645-2

Ⅰ.①国… Ⅱ.①巴…②科…③宫… Ⅲ.①工业产品-设计-无污染技术-世界-图集 Ⅳ.①TB472-64

中国版本图书馆CIP数据核字（2011）第204838号

© for the Chinese edition: China Architecture & Building Press, 2011
© Tandem Verlag GmbH, 2009
Original title: Ecodesign
Original ISBN: 978-3-8331-5461-4

Editorial project: LiberLab, Italy(www.liberlab.it)
Consulting editor: Paolo Tamborrini
Book and cover design: Maya Kulta
Layout:gi.mac grafica, Italy(www.gimacgralfica.it)
Jacket concept: www.GlyphIsabox.net

Translation into English: Michelle Tarnopolsky(for Texcase, Utrecht)
Translation into German: Alessandra Rossi

All rights reserved.
No part of this publication may be reproduced, stored in a retrieval system or transmitted
In any form or by any means, electronic, mechanical, photocopying, recording or otherwise,
Without the prior permission in writing of all the copyright holders.

Translation copyright ©2011 China Architecture & Building Press

本书由德国Tandem Verlag GmbH 授权我社翻译出版

责任编辑：白玉美　率　琦
责任设计：赵明霞
责任校对：肖　剑　刘　钰

国际工业产品生态设计100例
[意]　西尔维娅·巴尔贝罗　布鲁内拉·科佐　著
　　　宫晓东　赵　玫　译
*
中国建筑工业出版社出版、发行（北京西郊百万庄）
各地新华书店、建筑书店经销
北京嘉泰利德公司制版
恒美印务（广州）有限公司印刷
*
开本：880×1230毫米　1/16　印张：22　字数：845千字
2011年11月第一版　2011年11月第一次印刷
定价：198.00元
ISBN 978-7-112-13645-2
　　　　（21400）

版权所有　翻印必究
如有印装质量问题，可寄本社退换
（邮政编码　100037）